任性出版　せっかち式仕事術

急性子的不累工作法

創意總監、Design Studio L
執行董事長
原弘始——著
卓惠娟——譯

回郵件超快、喜歡多工進行、不喜歡等人更不讓人等

事事求快當然好，但如何不累不氣還兼顧品質？

注重效率，討厭浪費時間？

不擅長等待，容易感到焦躁？

總是慌慌張張、坐立難安？

提到性子急，你會有什麼樣的印象呢？

為了達成這個目標，

本書將會介紹必要的工作技巧，

以及創造餘裕的方法。

開門見山的說，這本書旨在幫助你：

將性急的優點運用在工作上的同時，

也能獲得充裕的時間和內心的平靜。

多數人對此印象都偏負面。
但是，性子急真的那麼糟糕嗎？
你可以想想，有些人的行為模式如下：

明明有想做的事情，卻總是拖延。
總是等到最後一刻才開始行動。
經常後悔「當初要是做了就好了……」。

這些都與急性子的行為模式完全相反，
但聽起來也不太好，對吧？
換句話說，急性子的行為模式其實是：

一旦發現想做的事情，就立刻著手。
總是提前行動。
與其後悔沒做，不如做了再後悔。

這樣講起來，你是否也覺得「急性子好像也滿不錯的！」

本書的重點在於：

①將急性子的特質運用在工作上（提升效率和速度）。
②預先準備，創造餘裕，仔細處理工作（提升品質）。

兼顧兩者，才是本書的精髓。

充分發揮你的急性子特質，
將「油門」和「煞車」技巧運用自如，
不只能有效率的完成工作，
還能得到好的成果。

Contents

第2章

被視為可靠的工作夥伴……67

第3章

多工是好事，但大腦很疲勞……97

第4章

這樣做事，速度與品質兼顧……137

第5章

第6章 遇到這些時候，你該那樣踩煞車……191

第7章

匆匆忙忙變成從從容容……233

後記 用急性子工作法，我寫完這本書……251

推薦序一

快速完成，是急性子最大的成就感來源

均弘企管顧問有限公司總經理／陳家妤（Lulu老師）

《急性子的不累工作法》這書名也太可愛了！但是，我懂這一本書想要表達什麼概念，因為我剛好是蓋洛普天賦優勢（Gallup CliftonStrengths）認證教練。而要幫本書寫一篇序，可能還需要先解釋一下「蓋洛普天賦優勢教練」是什麼。

蓋洛普天賦優勢，是由美國心理學博士唐納．克利夫頓（Dr. Donald Clifton）研究並提出的理論。他研究古今中外成功人士所具有的天賦特質，再將所有的特質加以整理，歸納、統整出三十四項天賦。而克利夫頓博士認為，這些特質就是每個人腦子運作的模式，它是天生、與生俱來的。而每個獨立個體都有獨特的想法，就會產生不一樣的感受；因為感受不同，就會創造出迥然不同的行為模式。

只要將這些天賦加以鍛鍊、讓它成長並且好好運用，每個人都可以成功，只是成功的方式不同。而研究這三十四項特質，以及協助它成長茁壯，能引導每個獨立個體達到成功的境界。實踐這一套理論，就是蓋洛普天賦優勢教練在做的事。

回到本書所提到的「急性子」，在蓋洛普天賦特質當中，就被稱為「成就」（Achiever）。這樣個性的人，精力充沛、鍥而不舍，總是忙忙碌碌卻有所作為。外人看他總是非常忙碌，但是他樂在其中，**即便你要求他休息，他也可能會因為手上沒有工作而感到驚慌**。急性子最大的成就感，就來自於將工作完成的瞬間。

急著完成工作，效率當然高，但是也可能伴隨一些負面效應。例如，工作品質不夠好、其他夥伴的負面情緒，甚至是工作量超載導致身心俱疲。所以，書中提出了多種方法、多種工作模式，讓急性子不僅可以有效率的完成工作，同時也能兼顧生活品質、維繫良好的人際關係。

書中為急性子的人列出種種建議，而在我輔導的案例中，最成功的方式是：**清楚寫下每天的待辦事項，並刻意將休息、維繫感情等事情，加入清單中。**

什麼是刻意排入休息時間？舉例來說，完成了兩、三件事情之後，在待辦事項中加入「起身喝一杯最心愛的咖啡」。有意思的是，由於必須完成待辦事項中排定的任務，所以巧妙的將「休息喝咖啡」置入其中。為了完成它，就會真的起身去喝杯咖啡，給自己一點休息的時間。

再舉個例子，個性急的人一直汲汲營營的想要完成很多事，但是又會覺得應該要陪爸媽吃個晚飯，難以在親情與工作取得平衡。這時，將「陪爸媽吃晚飯」列入待辦事項，急性子為了完成清單上的任務，就會去陪爸媽吃晚飯。

是否讓人感到非常奇妙？只要一個簡單的技巧，就可以讓急性子，也就是擁有蓋洛普天賦優勢中「成就」天賦的人，安排休息時間、維繫親情。

所以，急性子是一種個性、是一種頭腦運作的模式。它是雙面刃，人的成功有它，因為它創造了效率；人的失敗也有它，因為它不顧慮他人感受，導致人際關係出現裂痕。

取出優點，並排除缺點，順著天性發揮。別忘了，**快速完成很多工作，是急性子最大的成就感來源**。如果你也是急性子，那麼本書就是你的最佳選擇！

推薦序二

迅速而不累的智慧，讓你有餘力享受生活

《這個工作我喜歡》Podcast 主持人／Zac

自從開始工作後，我總是不停的向目標衝刺，完成一件事後，便迅速投入下一個任務。這樣的「急性子」讓我覺得自己超有「效率」，身邊的夥伴甚至幫我取了綽號——「Push Button」，意思是只要見到我，就知道事情又要被加速推進了。

過去的我總是想：「怎麼樣才能把事情做得更快？」每天追趕時間的結果，卻是下班後筋疲力盡，常常一回家就倒在沙發上睡著，醒來後匆忙洗澡，再躺回床上，隔天又進入新的循環。

這樣的工作模式，讓我開始思考：「迅速處理一個接著一個的任務，真的就是

高效率嗎？」

自我們經營 Podcast 節目以來，必須安排來賓與兩位主持人的時間、撰寫訪綱、預訂錄音室、做訪前功課、製作影音素材、洽談合作等多項事務。此外，兩位主持人也各自有不同的專案與創業品牌，工作任務不只是單一面向，而是更加多元複雜，「高效」逐漸也成了我們工作的核心目標。

這本書提出許多實用的方法，例如：迅速且保持體貼、設立工作規則、制定中途目標、刻意未完成、成果存款、先輸出再輸入等，這些都來自作者的實戰經驗，簡單易懂，且馬上就能應用。其中，作者提到的「使用者辭典」這個小祕訣，更是讓我大開眼界。

我想，**如果能夠好好掌握這些方法，工作就能像鴨子划水——表面從容優雅，水下卻有節奏的朝目標前進。**尤其在多工、斜槓、在家工作已成為日常的今天，如何提升效率，同時保留更多時間給自己和重要的人，變得至關重要。而書中的這些「祕訣」，正是能幫助我們做到事半功倍的關鍵。

作者擁有豐富的執行與管理經驗，既提供實用方法，也時不時給出當頭棒喝般的提醒，就像一位同樣是急性子且值得信賴的職場前輩，卻能不疾不徐的指引我們如何做得更好。

「**真正的餘裕，並非來自把所有事情做完，而是來自於創造餘裕。**」書中這個觀念讓我深有共鳴。**高效率不應該只是單純的追趕時間，而是能讓我們在下班後，仍然有餘力去享受生活、發展興趣，讓人生更加豐富。**

本書將帶你體驗「迅速而不累」的智慧，讓你的效率不只是快，而是快得從容、快得優雅，真正掌握節奏，而不是被時間追著跑，從「解決事情」轉為「駕馭時間」。

最後也藉此機會，感謝所有急性子們帶來的正向影響，也感謝作者寫下本書，讓我們能學習如何更聰明、更高效的完成所有想要達成的目標。

推薦序三

成為快得優雅、有節奏感的急性子

《布姐的沙發》Podcast主持人／布姐

你是否有以下類似的情況？

1.看到訊息就忍不住立刻回覆，深怕讓人等太久而顯得不夠專業？

結果因為回得太快，內容可能不夠完整，反而造成誤會。還可能不小心變成別人眼中的「隨傳隨到」，降低自身專業形象。另外，專注力也常常被打斷，因此拖延真正重要的工作。

2.覺得事情交給別人做太慢，不如自己動手？

常常覺得工作交給別人處理太花時間，於是乾脆自己做。結果，下一次類似的任務又落到你身上，最後變成事必躬親，導致時間越來越不夠。沒有時間思考更重要的戰略問題，導致你的職場競爭力下降。

3.用最快的方式完成工作，卻發現不一定有效率，還讓自己更累？

因為過於快速的反應和缺乏思考，導致錯誤率上升，反而要花更多時間修正。習慣把事情快速做完，長期處於這種高壓狀態，身體和心理都會累積疲勞，容易導致效率下降、注意力難以集中，甚至產生職場倦怠。

如果你有類似的狀況，這本書可以幫助你。

「快」不是問題，但要快得有智慧。**真正的高效率，不只是快，而是找到最適合的節奏**。有時候，放慢腳步才能走得更快、更遠。不能只是速度快，更要走對方向。當你學會踩煞車，才能真正快得長遠！

我很喜歡第七章的提醒跟做法，例如「匆匆忙忙」能否變成「從從容容」？與其不加思索忙碌，變得盲與茫，為何不從容的忙呢？以下將幫助你更加從容：

1. 刻意空白

我也很重視刻意的預留空白時間，不把行程壓到極限。**留白，才有機會停下來思考；留白，才有機會嘗試新的事物。**

2. 上班前不處理工作，而是做點輕鬆自在的事

像是閱讀、慢跑、冥想等。我自己深刻體會到，聽首音樂、煮杯咖啡、做個伸展操、閱讀、寫感恩日記等，當作開啟一天的儀式，的確可以讓自己整日有美好的能量，而不是匆匆忙忙、混亂起跑，打亂一整天的節奏。

3. 允許自己事情做不完

製作「不要做清單」，以及擁有「明天再做」的思維。

「不要做清單」不是在提醒你該做什麼，而是幫助你排除那些讓你分心、耗能、沒價值的行為，進而守住自己的時間與專注力。

而「明天再做」對急性子來說，是創造餘裕的策略。

4.重視安打數而非打擊率

運用「分解」和「加法」兩個概念，協助自己去計算累積的正向成果，不是只看失敗的次數，以此增添內心的自信與餘裕。

你也許是個急性子，但你可以變成一個有節奏感的急性子。

本書將幫助你快得更有品質、更有策略、更有餘裕。如果你也想擺脫那種「永遠在趕、永遠在忙、永遠很累」的狀態，本書會是你很棒的陪跑夥伴。讓我們一起**練習從匆匆忙忙變成「從從容容」，快得剛好、快得聰明、快得優雅。**

前言
速度快又有品質的工作法

好想趕快完成！好擔心事情被延宕！不想浪費時間！

每當我這麼想、這麼做時，都不由得再次意識到自己真是不折不扣的急性子。

你好，我是作者原弘始。在日本長野經營一家名為「Design Studio L」的設計公司，並擔任執行董事，主要業務是為企業提供品牌推廣、網站設計、平面設計等服務。一九九八年，我以應屆畢業生的身分進入這家公司，並於二〇二〇年接任執行董事一職。至今已累積將近二十七年的設計師生涯。

由於我身兼經營者和執行者的角色，工作量自然不少。值得慶幸的是，周圍的人都認為我做事很有效率。

我也認為速度是我的優勢，但回想起剛才那些話，或許**「急性子」才是讓我行動迅速的真正原因。**

每當接到突如其來的任務，就不自覺的湧現「好想趕快完成！」的焦躁情緒。明明沒有必要立即處理，卻因為擔心事情延宕，而將任務優先順序提前，急急忙忙著手進行。不僅如此，還會因為不想浪費時間，同時執行多項工作，追求最

2000年左右

2005年左右

2008年左右

這是同事幫我畫的肖像。從以前開始，每當插畫家或設計師同事畫我的肖像，一定都會在我的手上加上效果線（表示速度超快）。

快、最短的完成途徑。

我總是心想，只要完成這項工作就會有空、想預留一些時間為下一項工作做準備，因此不斷往前衝，催促自己加快進度。

提早完成！真是太棒了！然而，好不容易空出來的時間，卻又立即排入下一個行程，陷入這樣忙碌的迴圈且無法自拔。

像這樣，**總是急著往前衝，一刻也停不下來，無法靜下心來的人，就是所謂的急性子**。不用說，急性子的我，也是過著這樣的日常生活。

以下簡單舉幾個例子：

- 起床後，從距離臥室最近的地方開始，上廁所→洗臉→餵貓→燒開水……，按照這樣的順序行動（追求最短路線、效率）。
- 常被另一半抱怨「茶泡得太淡了」（因為等不及）。
- 出門旅行前想著目的地，抵達目的地後又想著家（超前部署太多）。
- 常為走錯路而感到沮喪（認為浪費時間）。

諸如此類，關於急性子的事情說也說不完。

乍看之下，性子太急似乎是種麻煩的個性，但缺點和優點往往是一體兩面。我認為急性子也有很多優點。

據說，日文中的急性子「せっかち」（sekkachi）是來自「急忙」（せく，seku）和「贏」（勝ち，kachi）兩個詞彙組合而成。也就是說，這一詞語不僅表示著急，更帶有贏的意味，也就是取得優勢的意思。

性急的人可以透過提前行動、快速完成任務，在各種情況下取得優勢。這種特質在工作中能發揮很大的作用。

雖然我工作時總是忙個不停，但也非常重視工作以外的時間。**我的下班時間固定，且每天都會確保擁有八小時的睡眠。**

此外，為了宣傳公司業務，我曾在連續十年間，每月都撰寫三十篇部落格文章；週末也會為了拍攝街拍照片而外出（大約會拍一千張），並以每天兩張的頻率發布在 Instagram 上。

我本來就喜歡分享資訊，也多虧這些習慣，才能同時兼顧公司業務和自我提升，因而有今天的我。**我之所以會寫這本書，也是因為在部落格上發表「急性子工作術」的文章後，獲得編輯的青睞。**

仔細想想，這正是透過急性子行動模式創造出餘裕所帶來的成果。

聽起來或許有點矛盾，簡單來說，就是**因為性急而快速採取行動、並刻意留白**，才能做到這一點。無論是工作、興趣或休息，正因為我是個急性子，才會特別重視「創造」這些時間。

在本書中，我將介紹如何利用性急的特質提升工作效率、如何與你的急性子特質和平共處，以及如何確保擁有充裕的時間。

雖然名為「急性子工作術」，但本書絕非一味追求速度。你可以**透過本書提升工作和成果的品質，也能學習如何周全的考慮他人感受，並培養細心謹慎的態度**。

或許，慢性子的人、不擅長立刻行動的人，也能從急性子工作術中獲益。

有些事，正因為是急性子才能做到。有些優勢，正等待著性急的你發現。

希望這本書能幫助你，將性急的優點運用在工作上，獲得充裕的時間和內心的平靜。期待你能從中找到所需的啟發。

第1章

老愛衝衝衝，是好還是壞？

急性子是指什麼樣的人？

一般來說，是指那些總是急著往前衝，無法抑制焦躁情緒的人。這種特質會表現在各種行為上。

本章將列出一些急性子常見的心理狀態和行為案例。如果你很有共鳴，你就是個急性子。

1 習慣尋找最短路徑

我每天都會提早到公司（公司十點上班，但我七點就到辦公室了），心情就像是運動員或電競選手在比賽前充滿鬥志的感覺。

我會把當天的工作寫在待辦事項清單上，然後以最快的速度處理每一項任務。

時間是有限的，而**性急的人對於不想浪費有限時間的意識又格外強烈，總是企圖有效利用每一分每一秒，急急忙忙的行動、努力達成目標**。

他們總是想著：有沒有辦法更快完成工作或作業？空出來的時間能做些什麼？

由於每天都在思考這類事情，基本上行動都很迅速。總是**提前行動、做好準

備，這背後或許也隱藏著怕麻煩的心態。

急性子的人常發生以下這些狀況，你可以思考看看自己中了幾項。

習慣尋找最短路徑，滑手機也要有

急性子總是希望盡快達成目標，所以**習慣尋找各種情況下的捷徑**。

例如：以最短路線前往車站（熟知捷徑），絕不繞路；購物時，按照商店的陳列方式規畫路線，提高效率。

急性子通常討厭繞路或走錯路。我所說的「最短路線」，不僅指交通或移動方式，也包含日常的行為模式和工作方法。

以我自己為例，在電腦上進行重複性作業時，例如複製貼上資料，我總會盡可能尋找能縮短時間和點擊次數的操作步驟，以及螢幕上滑鼠的移動路徑等。一旦確定了路徑，就會心無旁騖的以一定節奏快速重複操作。雖然只是單純的作業，卻讓我感到非常興奮，就像在玩遊戲一樣。

此外，我也會將手機應用程式按照常用順序排列，縮短手指移動距離，日積月累也能節省不少時間。

但另一方面，這種做法也可能導致作業過於機械化。由於急於求成，有時會刻意省略步驟、降低作業的精細度、忽略檢查等，容易讓人誤以為不認真看待工作。

此外，如果沒有仔細確認就開始進行，一旦中途出現錯誤、需要重新來過，就會後悔當初怎麼沒有好好確認。

無論好壞，我都喜歡「偷工減料」。我不認為這是絕對的壞事，**透過偷工減料（簡化步驟），好處是可以更快進入下一個階段。但壞處是因為偷工減料（忽略過程），導致成果未達標準，或品質不佳而需要重做**，這些都是我曾有過的經驗。

喜歡多工處理

當有多件事情需要處理時，急性子的人不會一件一件完成，而是選擇同時進行，或是在一連串的動作中加入多個行為，以便盡快完成所有事情。例如：一邊講電話，還一邊回電子郵件；一邊吃午餐，一邊上網查資料等。

這種行為也就是所謂的「多工處理」。多工處理並非真的同時進行多項工作，而是**不斷在不同工作之間切換，實際上，這樣反而會降低效率，加重腦部負擔**。

然而，對急性子的人來說，比起理論，更傾向於聽從自己內心想趕快完成的焦慮感。擅長切換的人可以透過這種方式提高工作效率，但不擅長切換的人則可能讓工作變得複雜，甚至感到壓力。

儘管知道事實如此，但每天都有堆積如山的工作量時，急性子的人還是會忍不住思考該如何快速處理完這些工作。

在我的辦公桌上，有三個電腦螢幕加一支智慧型手機，瀏覽器、電子郵件、聊天軟體等視窗總是同時開著。我習慣快速瀏覽每個視窗，查看不斷跳出的通知，想在最短的時間內掌握所有資訊，並同步處理多項工作。但仔細想想，這樣的環境還真是累人。

觀看電視劇、動畫或電影時，倍速播放也成為一種趨勢，尤其又以Z世代（按：通常指一九九〇年代中後期至二〇一〇年代初期之間出生的人）最具這種傾向，這讓「時間效益」一詞受到關注。

追求時間效益，省略不必要步驟

所謂時間效益，指的是投入時間與所產生效果之間的比例關係。在資訊爆炸的現代，人們為了在有限的時間內獲取更多有益的資訊，越來越重視時間效益。

然而，急性子的人追求時間效益，不只在觀看影片的時候。

例如，利用等紅綠燈的空檔，查看電子郵件或社群網站；選擇要去哪間超市購物時，比起價格，更重視距離的遠近；比起交通費用，更在乎交通時間，所以會選擇搭計程車。以上這些情況，你是否也覺得似曾相識呢？

急性子的人往往更重視達成目標，而非了解或體驗過程。因此，他們**傾向把過程中必要步驟以外的部分視為浪費時間，並盡可能省略它們**。

若有多種方法可以達成目標時，急性子的判斷標準就是時間效益。哪個方法可以最快達成目標，往往是做決定的首要考量。我自己就是如此。

此外，當我同時進行多項任務時，如果發現有利用空檔就能完成的簡單事項，我會立刻安排在零碎時間處理。減少待辦事項，會讓我感到很開心。

討厭不守時，總是提早到

急性子的人認為時間有限，時間的價值非常重要，且容易把這種價值觀強加於他人，所以**他們非常討厭不守時的人。**

相對的，**急性子也不希望被別人認為自己不守時，所以不只是嚴格遵守約定時間，他們甚至會提早抵達約定地點**。背後的原因，除了絕不能遲到的強烈信念之外，也可能是為了預防塞車或突發狀況等意外，為保險起見而採取的行動。

我自己就有絕對不能遲到的強烈執念，所以與人有約時，我一定會提早抵達。

不過，這段等待時間也該有效利用。例如，我近期的興趣是攝影，所以我會提早兩個小時左右抵達約定地點，然後在附近拍照。所有時間都不應浪費，是急性子的特點之一。

另外，個性急的人也習慣事先規畫好旅行行程。

他們通常會認為，到了當地才決定行程，只會浪費寶貴的時間，太可惜了！因此，一定會事先查好電車時間、路線，並確定好要去的地方。

團體中如果有這樣的人，能讓行程進行得很順利，是很重要的角色。但是，萬一中途有所延誤，他們可能會因為擔心下一個行程而坐立不安，無法享受當下的樂趣。

2 不喜歡等，也討厭讓人等

急性子的人常以自己的速度為基準，認為大家也該如此。但因為他們的行動通常都比其他人快速，一旦被打亂節奏，就特別容易感到焦躁、坐立難安。

你是否曾經因為等不及電梯，而選擇走樓梯呢？

「等待」是一種被動的行為，因為無法掌控，會讓急性子的人感到焦慮。因此，他們寧願自己動手，也不願假手他人。有時，甚至會強迫別人配合自己的步調，干涉或強迫他人的行為。

此外，**急性子的人也不喜歡讓別人等待**。因此，當被問到無法立即回答的問題時，可能會隨口敷衍；或是還沒決定好要點什麼餐點，就倉促的隨便亂點。這是急性子一種奇怪的自尊心作祟。

每當家裡或辦公室的對講機響起，我都會忍不住想：「不能讓對方等，必須趕快接起來！」

討厭排隊

個性急的人不喜歡等待，可能是因為不知道等待的時間該做些什麼。如果事先知道要等多久，還可以想辦法打發時間。但如果等待的時長不確定，就會造成他們的心理壓力。

例如，排隊就是充滿不確定因素的等待。性急的人通常會盡可能避免排隊，並傾向事前預約，若非不得已要排隊，看到人潮就會乾脆放棄。萬一真的非去不可，就會提早出門，以便成為第一個。**排隊是急性子極力避免的選項**。

不過，現在有了智慧型手機這個最強大的打發時間工具，即使在等待的時候也能做很多事情，所以急性子對於等待的抗拒感應該也能降低不少。

看網路新聞、遊戲破個幾關或領取登入獎勵，甚至是處理工作等，即使在等待時間也要完成一些任務，這就是急性子的特點。

順帶一提，讓別人等待會令我有很大的壓力，所以我不喜歡後面有人排隊的情況。我經常因為後方有人等候，在咖啡廳的櫃檯前沒看清楚菜單就亂點餐，或是在收銀臺前慌慌張張的掏錢。

以自己為優先，常忘了顧慮他人

急性子的人非常重視自己的行程安排和時間規畫，即使沒有惡意，也可能不自覺的以自己的行程安排為優先。

這背後的原因，可能是擔心事情會比預期花更多時間，或是害怕發生意料之外的延誤。

有些人會不顧別人的情況，擅自設定不合理的截止日期；事情沒有按照自己的預期進行時，就開始發脾氣；面對反應慢、動作慢的人，會一直不耐煩的催促「好了沒？」

由於必須忍受這樣焦躁不安的心情，直到事情完成前，急性子往往難以靜下心來。等待時間太長會感到焦躁、電腦開機太慢會忍不住狂敲鍵盤或點滑鼠等，這些都是典型的例子。

不擅長把事情交代給別人

急性子的人通常工作效率高，且喜歡掌控結果和進度，所以常認為**與其委託別人，不如親自動手比較快**。

如果身為管理職或需要培育人才者有這種想法，會導致無法將工作放手交給別人。這樣一來，他們就永遠無法擺脫工作的束縛，總處於忙碌狀態，陷入永無止境的忙碌迴圈。

即使勉強把事情交代出去，一旦進度比預期慢，又會忍不住插手干預，甚至直接說出答案或方法。如此一來，反而會阻礙後輩或部屬的成長。

我自己也不太擅長把工作交給別人，總是承攬許多原本不該由我做的工作或文書處理等事務。並非不信任部屬或員工，而是我的注意力都放在要以最快、最不浪費時間的方式處理。我特別容易攬下那些誰都能做的簡單工作（身為經營者，這麼做其實很糟糕），現在寫下來以後，再次發現我真的需要改進。

回訊息速度超快

溝通，需要有傳送者和接收者兩方才能成立。

當自己是傳送者（持有發球權）時，**急性子會覺得資訊停留在手上是一種停滯**，他們通常不擅長面對這樣的狀況。

由於急著把球丟出去，所以他們會迅速回覆訊息，對於提問也傾向即問即答。

以我而言，我總是優先處理電子郵件和聊天訊息，只要看到未讀訊息就會感到焦慮。

雖然這是基於「不想讓訊息停留在自己手上」這種自私的理由，結果卻讓對方覺得我很重視溝通，而留下良好的印象。所以，快速回覆的好處其實不少。

然而，**有時回覆速度太快，也可能會讓接收訊息的人感到很有壓力，或者會誤以為你沒有慎重思考就隨便回應**。

此外，急性子的人也會期待對方快速回覆，如果對方沒有立即回訊息，就會感到不安，這些都是快速回覆的缺點。

想要的東西，一刻也不能等

急性子一旦想要某樣東西，就無法等待。他們會想盡辦法滿足「我想立刻得到」的欲望。例如，漫畫、音樂、遊戲等商品即將發售時，他們就會坐立不安，即使只是比別人提早一分鐘，甚至一秒鐘也好，也恨不得立刻入手。

我就是這樣才意識到自己可能是個急性子。

在線上購物尚未普及的二〇〇〇年代初期，我非常喜歡某個國外的重金屬樂團

（我甚至還為這個樂團成立了粉絲社群），為了能早點聽到新專輯，我特地到一家完全陌生的國外網站（因為國外的發售日期比國內早）訂購進口專輯。

幾天後，我發現另一個國外的知名購物網站也有販售，而且寄送速度似乎更快……於是我又訂購了一次。又過了幾天，國內網站也開始販售了，我按捺不住焦躁的心情，又訂購了一次。結果，三張專輯竟然同一天送達。

當時，我不只想趕快聽到，想要「比任何人都更快聽到！」的心

情更為強烈。

不僅如此，購買汽車或相機等高價商品時，我也會因為想要立刻擁有，不先存到錢再下單，而是當下就選擇貸款或分期付款。平常購物時，哪種方式可以更快拿到商品，也是我選擇線上購物或實體店面的依據。

3 先開始再說，邊做邊調整

比起思考，急性子的人大多數更重視行動。

他們不會事先調查或仔細琢磨，總是急急忙忙往前衝，即使準備還不足，也認為應該先行動再說。

如果事情進展順利，他們就繼續向前邁進；如果沒有任何進展，也會果斷放棄。雖然這展現出急性子果斷的一面，但由於計畫不夠周全，也可能導致失誤。

此外，他們容易衝動行事，憑藉一時興起的想法或欲望展開行動。例如，看到想要的東西就衝動購物，沒有仔細考慮，事後再回想可能會感到後悔。

不過，正因為這些行動是基於意料之外的想法或欲望，所以也可能為日常生活增添樂趣，帶來驚喜。

憑著一時興起就出門旅行或購物，也只有急性子的人才做得出來。

習慣邊做邊想

急性子也時常不先構思架構，就開始製作簡報；不看說明書，東西拆開了就直接用；不參考食譜，而是憑直覺料理。**先開始再說，過程中才逐步判斷、調整**。

他們不會鑽牛角尖，行動力強。從好的方面來說，他們能以自然的態度處理事情。而且，也能透過經驗學習而有所斬獲。

我小時候曾經夢想成為漫畫家，家裡還留著很多當時的筆記本，其中不少都是畫到第五頁左右就停筆了。可以明顯看出我當時就是心急，沒有好好構思故事，只一心想著趕快畫下去。不過，其中還是有完成的作品，故事也在繪製的過程中逐漸成形。

我覺得，邊做邊想而完成的作品，衝擊力通常特別強。

著手速度快，是為了看見目標

性急的人會立刻著手處理已經確定要做的工作。例如製作專案資料、撰寫報告等，通常都會立刻行動。一旦確定旅行日期，就會馬上預訂機票和飯店。我想，應該有不少急性子，學生時期都屬於暑假作業早早就寫完的那群人吧？

其實，這是擔心拖延的想法在作祟。事情拖著沒做，就必須一直擔心著還沒完成的工作，而且也害怕在這段期間內又有新的任務進來，導致工作量爆增。

提早著手，就可以想像完成工作的路線，並藉此讓自己安心。

以我來說，即使專案的截止日期還很久，我也會先採取一些行動，例如建立文件、蒐集資料等。這麼一來，就能看見通往目標（截止日期）的路線，這讓我感到安心。

然而，由於過度重視提早開始和提早完成，往往容易因不夠謹慎而犯錯。日常生活中，也可能因為急著料理而下錯調味料、趕著打掃而忽略了房間角落、時常忘記帶東西出門或忘了帶回家。

4 想要先知道結論、先看結語

急性子的人重視結果更勝於過程，**大都追求結論優先**。藉由一開始就聚焦於結果，可以提升效率和判斷力。最重要的是，省略過程可以節省時間，還能抑制急性子特有的焦躁感（壓力），帶來實質上的好處。

但另一方面，這也可能導致他們不自覺的逼迫同事或客戶給出結論，讓對方產生壓力；或是沒有耐心聽完別人的話，表現出對他人缺乏尊重的態度。

當溝通缺乏效率，或是討論停滯不前時，會令急性子感到焦躁不安、不耐煩。他們習慣搶話，往好處想，這代表他們對你的話很有共鳴。然而，這種行為也可能導致忽略整體情況、輕忽討論過程，而帶來負面影響。

此外，許多急性子的人在看電影或電視劇時，也喜歡事先知道結局。以我為例，我就不太擅長在觀看電影或電視劇的過程中，理解角色之間的關係。當劇情發展到一半，我開始疑惑「這個人是誰？」的時候，就會擔心無法理解結局，而感到焦慮。所以，我通常會事先查好人物關係圖，再開始觀看。

順帶一提，我最喜歡的是歷史劇。因為史實的結局大致上都已知，我就可以毫無顧慮的享受過程（劇情）。

直接切入重點，工作上最吃香

重視結論的個性，在工作上特別吃香。

會議上，急性子的人往往會搶先發言，表達自己的意見和看法，並聚焦於重點，盡快找出問題的核心。

例如：為了避免在會議中浪費時間，通常會將詳細的說明先寫在資料中供大家參考；事先就統整好問題與解答，或者與提出問題的人個別討論。透過這些有效率的溝通方式和事前準備，可以減少會議中不必要的時間浪費，並快速得出結論。

商業談判中，向對方提出結論的行為稱為「成交」（closing）。無論多麼努力推銷，如果最後無法成交，就等於沒有成果。

與其因為害怕被拒絕或被討厭而遲遲不敢提出結論，不如乾脆俐落的直接成交，可以說是急性子的優勢。

然而，由於急性子本來就不擅長、不喜歡仔細思考，所以容易草率做出決定。如果只是自己一個人做決定，還不會造成太大影響。但看到別人仔細思考、深入討論，獲得更好的成果時，內心不免會感到震驚。

最討厭事情重新來過

重新來過，是遠離結論的行為。

因為急於得出結論而忽略必要步驟，導致需要進行大量的修改；因為沒有仔細檢查，導致出現低級錯誤卻沒有發現；誤解了專案內容，從一開始就朝著錯誤的方向前進……這些情況都可能發生。

由於急性子的人不想浪費時間、討厭進度延遲，所以一旦需要重做，就會加劇焦躁感和不安感，造成他們很大的壓力。

一絲不苟的急性子會為了避免這種情況，而提前做好計畫，降低重做的可能性。但粗心的急性子則會因為自己的個性，導致需要重做，壓力倍增，他們不僅對自己感到懊惱，也會造成別人的困擾。

如果當初有仔細的事先規畫就好了……你是否也曾有過這樣的後悔經驗？

擅長抓重點、得到結論

急性子的人**格外擅長從接收到的資訊中，找到通往結論的重點**，這可以說是一種特殊技能。

這種能力在閱讀時特別有用。以我而言，我不擅長（正確來說是討厭）讀文章，幾乎很少逐字逐句仔細閱讀。因為我閱讀的目的不是閱讀本身，而是為了掌握重點。

讀書時，我會先看前言、目錄和後記，大致掌握內容後再開始閱讀，且只看我覺得很重要的部分，其他細節則快速略過。不感興趣的章節，甚至會全部跳過。

如果是電子書，我可以快速瀏覽一遍，然後搜尋在意的關鍵字，這點非常方便。對於想快速閱讀的人來說，電子書或許是個好工具。

順帶一提，如果分幾天讀完一本書，我可能會忘記之前讀過的內

容，需要重新來過，所以我會盡可能一次讀完。

我很抗拒事情正在進行時中斷。這正是急性子不喜歡重做（想要走最短路線）、想要快速知道結論、不喜歡擱置事情（等不及）等特質的表現。

5 休息反而覺得不安

即使一週後再處理也沒關係的工作，急性子的人今天就會完成。由於他們總是提前行動，基本上都能讓工作順利進行。提早完成工作，也代表可以空出更多時間。

然而，他們通常會把多餘的時間視作壞事、吃虧的事，所以會設法把空閒都填滿，安排其他的行程或工作。結果，明明工作進度都超前，卻總是處於忙碌狀態。

此外，與他人合作時，如果急性子的人提早完成自己的部分，常導致合作方也必須加快速度回應。

性子急的人不喜歡事情停留在自己手上空等的狀態。為了避免這種情況，他們會利用空閒時間提早處理事情。然而提早完成後，對方若很快回覆，他們又必須再次快速回應……如此一來，就會陷入不斷處理事情的循環。

總而言之，除非能克制填補空間的欲望，否則就會不斷往閒暇時間裡塞滿新的事物，形成一種連鎖效應，導致急性子總是很忙。

這聽起來似乎是個缺點，但實際上**對急性子的人來說，忙碌就是精力的來源**。接下來，我們將探討忙碌的優點和缺點。

容易不自覺加快步伐

性急的人，積極的心態也會表現在行動上。這也是他們總是給人感覺很忙碌的印象的原因之一。

因為總想著「想早點到」、「不想被別人搶先」、「早點到就能做更多事」，即使是不趕時間的情況下，也會不自覺加快腳步。

像是一步跨兩個階梯、在電扶梯上行走、狂按電梯關門鍵，或是在電車門關閉前衝進電車、搭車時站在最靠近車站剪票口的車廂門附近等。如果衝到月臺上，看到電車門在眼前關上，會感到異常沮喪，大概就是急性子的宿命吧。

除此之外，急性子通常說話速度也很快。因為腦筋動得快，說話的同時腦袋裡已經想到下一個話題了，所以說話常快如機關槍，滔滔不絕。

只不過，這樣有時會忽略周遭的人有沒有聽懂，或是話題天馬行空而讓人抓不到重點，所以這反而比較像是缺點。

待辦事項清空，就很安心

性急的人喜歡「完成」的狀態，像是沒有積欠的工作、電子信箱中沒有未讀郵件等。

以我而言，我每天上班都會先在電腦記事本上詳細輸入今日待辦事項，接著才開始工作。而且，我會抱持著「今天能完成的事情一定要完成」的強烈意志，每完成一項就打勾，並因此感到快樂。

下班的時候，我會檢查記事本和桌面，確認待辦事項有沒有遺漏，盡可能讓心情處於清爽的狀態再回家。

因為時常會把今天不必完成的工作也納入目標，可以說急性子陷入忙碌狀態，完全是咎由自取。但事實上，他們也因此獲得安心感。確認沒有未完成的事項，就能毫無掛慮的離開公司，隔天早上也能心情愉快的開始工作，這也是一個優點。

被時間追著跑

有很多急性子都是杞人憂天的人。

他們會擔心未來的行程，總是留意行程有沒有延誤、是不是排得太滿等，感覺一直被時間追著跑。

性急的人很重視時間，所以容易因時間管理而產生過大的壓力。隨著截止日期逼近，急性子會強烈意識到時間，擔心能不能好好完成工作、會不會因此限制自己的步調和風格等。

接著，他們就會開始胡思亂想：萬一失敗了怎麼辦？還有時間挽回嗎？如果不完美的話會很糟糕……。

正因如此，性急的人總喜歡提前完成工作。也可以說，他們是為了消除對截止日期的不安而讓自己忙碌。

休息反而會覺得不安

因為強烈的使命感和責任感，覺得自己必須做點什麼，所以性急的人無法靜下來。反過來說，**休息會讓他們感到不安**。

或許是享受完成事情後的成就感，所以他們也對於身陷忙碌而樂此不疲。

即使是假日也照樣工作，或是安排一些動態的行程而不休息。**對急性子來說，行動本身就是能量來源。藉由積極活動，可以獲得能量、恢復精神**。

週末時，比起在家睡覺，出門拍照走走會讓我更覺得神清氣爽。

這樣一來，我就能保持活力，迎接新一週的工作，而且會覺得「這週也要努力工作，週末再去拍照！」在工作和私人活動的能量循環中度過每一天。

6 只有急性子才能體會的事

以上列舉了一些急性子常見的心理和行為，有哪些符合你的特質？

或許有人會再次體認到自己真的很性急，也或許有人原本沒有自覺，但因此發現自己確實有這樣的傾向。

不過，上述提到的特徵並非全部，相信一定還有很多急性子才能體會的事情。

性急的人，活在比其他人更快的時間軸上。正因如此，雖然他們不擅長等待，卻擁有極強烈的使命感和行動力。

我認為，不浪費時間、立刻行動、追求結論等特質，在職場上是一種優勢。只要善用這些特質，就可以提高工作效率。

我將在下一章具體說明，在工作中如何善用這些優勢。

第 2 章

被視爲可靠的工作夥伴

接下來，我們將深入探討，如何將第一章提到的性急特質應用於工作中。

首先，要思考急性子可以成為什麼樣的工作者。

希望這能幫助自認有些性急的人們建立願景。

1 口頭禪：「什麼時候開始進行？」

當你突然接到新工作時，如果反射性的抗拒，例如：覺得麻煩、困難、花時間，或是還有其他工作要處理等，很容易就養成拖延的習慣。急性子會因為想盡快達成目標，而立刻採取行動。

根據我的經驗，**「立刻行動」**的效果非常顯著，**無論是提升技能、應對業務、企劃提案、貢獻業績或帶領團隊等，在各種情況下都能轉化為積極前進的力量。**

回顧過往，我不論在做任何大大小小的決定時，幾乎都不會深思熟慮、翔實計畫。我總是憑著直覺和樂觀，和「因為是我的決定，所以一定會成功」的想法，再加上一股想做就做的衝勁，情不自禁的投入眼前看似可能的事情。

我很少去想：做了之後會怎麼樣？我想變成什麼樣子？我有信心做到嗎？未來會如何？會成功嗎？會失敗嗎？而是直接一頭栽進感興趣的事情裡。

思考是之後的事。我不是那種一定要等到整體樣貌和方向都清晰可見時，才開始行動的人。即使輪廓模糊，只要有想法，我就會立刻執行。在執行的過程中，輪廓會逐漸成形，然後就能判斷是否可行。

最重要的是，當我覺得自己能做到的那一刻，我的熱情也達到顛峰。

我之所以能保持這股熱情繼續前進，是因為我的行動力很高。

不播種，何來收穫？

我很喜歡「不播種，何來收穫？」這句諺語，意思是沒有付出就不會有結果。

我國中擔任新聞股長時，學生報的標題下方有一個刊登諺語的專欄。當時，我在學校圖書館翻閱諺語辭典，偶然看到這句話便把它刊登在上面。

從那時起，我一直很喜歡這句話，同時也成為我的行動準則。

我相信，只要主動踏出一步，總有一天會有所收穫。為了達成目標，我會積極主動的去做任何能力所及的事，努力開拓一條路（也放棄做不到的事），並且不斷重複這樣的行動。

這句話十分適合我的急性子，我很慶幸能在國中時就遇到它。

我認為，**每天的小行動，都是播下一顆種子**。只不過，當下我們並不知道這些種子會結出什麼樣的果實。

日本編劇三谷幸喜在他參與的電視劇回顧特輯中，曾說：「播種的時候，我們並沒有意識到這是一顆種子。等到日後開花結果，才會意識到當時的種子並非徒勞無功。」這句話讓我印象深刻。

聽了這句話之後，每當我「意識到當時的種子並非徒勞無功」時，我都會回想自己思考和行動的過程，探究造成這個結果的起因（種子）是什麼，以及什麼時候發生的。

急性子讓人想立刻行動。如果再加上「總有一天會收穫」的心態，你不僅能做

好眼前的事情，還能成為一位長期都有所成就的人。

追問「什麼時候開始執行？」

會議結束時，我們往往會聽到一些乍看正面、積極的發言，例如：「今天會議中提出的問題，之後有機會再討論。」或是「這個想法真是有趣，希望日後有機會實現。」

然而，問題、有趣、之後、日後等詞都很抽象，缺乏明確意義，一旦該話題中斷，就幾乎不可能會有結果。

而性急的人不喜歡事情懸而未決、延後處理，所以他們會想辦法，當下就決定具體的下一步行動。

我曾經和一位企業家朋友參與某場會議，會議中也出現了類似的情況，而他的行動正是「具體化」的最佳示範。

他在問題提出的當下，將其轉化為待辦事項，主動提出許多想法，並明確決定下次會議的時間和討論事項。他表示：「如果我認為這是一件好事，即使只是我一個人決定的事，我也會立即改變它。」

據說，很多經營者都是朝令夕改的類型。

朝令夕改指的是，早上的指示到了傍晚就變了，通常給人負面的印象。但換個角度來看，這也代表他們為了達成目標，只要有更好的方法，就會毫不猶豫的做出改變。

同樣身為急性子，我非常認同這樣的看法。

事情停滯不前、明明知道應該改變卻拖延不決，這對性急的人來說是一種莫大的壓力。

換句話說，性急的人不擅長將事情擱置在一旁，所以**他們不會說「以後再說」，而是追問「什麼時候開始進行？」鼓勵周圍的人討論**。

因此，只要發現問題，他們就會立刻提出、思考具體的解決方案並執行。如果判斷需要改變，就會修正方向。如此一來，工作進度就能不斷向前推進。由於大幅減少「我確認看看」、「我考慮一下再回覆」、「我會在下次會議前提出方案」等流程，專案的進度也會加快。

聽了他的話之後，我也不再猶豫不決，開始敢於改變事情。

當下就做判斷，反而沒壓力

據說，一個人每天要做出多達數萬次的選擇。例如：要穿哪件衣服出門？要搭幾點的電車？今天要吃什麼？工作順序如何安排？應該先回覆哪封郵件？

生活中充滿大大小小的選擇，在每個決策上花費的時間累積下來，可能會產生巨大的差異。

性急的人凡事以結論為優先，他們認為把事情帶回家、考慮或延後處理都是浪費時間。因此，對急性子來說，依當下的判斷做出決定，反而比較沒有壓力。

判斷速度與工作效率息息相關。**速戰速決可以提升整體工作效率和表現**。

身為管理層，我每天必須做出許多判斷和決策，而我會盡量選擇當機立斷。偶爾遇到難以果斷下決定的情況時，會讓我感受到很大的壓力。

此外，在與客戶溝通時，也經常需要等待對方拿定主意。

如果對方能即時給予回覆，合作起來就會比較輕鬆、愉快。我深刻體會到，當雙方都能迅速做出決定時，專案的推進速度將大幅提升。

2 有餘裕處理突發事件

在商場上，最理想的狀況是不戰而勝。如果你與競爭對手的實力相當，速度就會成為重要武器和差異化因素。

只要能預先行動、搶得先機，就能在交手前拉開差距。

舉例來說，在開會前事先調查相關資訊。透過事先瀏覽客戶的網站、研究相關資訊了解對方，就能在掌握基本資訊的情況下進行會議。這麼做有以下好處：

- 省去詢問不必要資訊的時間。

- 避免給人「沒有預先準備」的印象。
- 提升對方的好感。

如此一來，才不會占用客戶時間，還能為後續工作奠定良好的基礎。

此外，如果能提前獲取所需的資訊，就能利用剩餘時間，掌握其他人可能忽略的重要數據。整理、消化並吸收這些事先取得的情報，也能提高成果的精準度。

當你比其他人更快提交成果，對方一定會感到驚訝，並且對你刮目相看。

有些人會堅持到截止日的前一刻，才全力構思點子，但**性急的人本來就不擅長堅持**。隨著時間推移，壓力和焦慮感會越來越強，造成很大的負擔。

既然如此，不妨採取先發制人的策略，乾淨俐落的取勝。

別人在慌也能保持冷靜

「預先做好準備，以便應付突來的工作」、「提早完成工作，以空出一些時間」，能這樣思考的人，即使遇到緊急狀況也能冷靜應對，贏得周圍的信任。

急性子習慣提前完成工作，這在發生意想不到的狀況時也很有效，因為可以利用多出來的時間來處理問題。

「我的工作完成了，如果有需要幫忙的地方請隨時告訴我。」能說出這句話的人值得信賴。當大多數人因為突發狀況而手忙腳亂時，急性子卻能保持平常的步調，協助周圍的人。這樣的人絕對會被視為可靠的夥伴。

當然，突發狀況並不會經常發生。但是，預先設想可能的情況，並做好預防措施，就能在遇到緊急工作或問題時迅速應對。也就是說，**性急的人可以防止工作停滯，並確保工作順利進行，形成自我運轉的循環**。

性急的人不喜歡將問題置之不理，也不喜歡重新來過。再加上容易焦慮的個性，一旦發現徵兆，就會在問題發生前盡快採取對策。

解決問題的能力在任何工作中都很重要，因此，任何事都不應該拖延處理。先發制人無疑是一大優勢。

自由選擇的權力

當眼前計畫和未來行程排得滿滿時，即便遇到現在想做或想仔細做的專案，也容易因為找不到時間，最終忍痛放棄，就這樣錯失了一個機會。

然而，如果能**提前完成工作，就意味著擁有選擇下一個計畫的權力**。

只要抱持「盡快完成手上的工作，保留一些空閒時間。如果到時候沒有其他事情需要處理，就可以做一直以來想做的專案，或是整理東西、看書等」的心態，就能避免錯失想做的工作。

預先完成工作，就能確保時間彈性。**時間彈性不只是指「當下有空間」，也包括「未來能騰出多少時間」**。

當行程滿檔時，身心都會感到沉重，表現也會下降。但如果能意識到接下來有一段閒暇時刻，就更容易採取行動。

只要確保有額外的時間，就不會因焦躁而做出錯誤判斷，也不必過度擔心，如此一來就能隨時保持冷靜、從容應對。

3 有自己的做事節奏

當工作團隊中有一個急性子時，他的特質能為團隊帶來正面影響。例如，他們會主動整理會議中提出的嶄新創意，或是在會議結束後，立即開始蒐集執行提案所需的資源和資訊等。藉由快速的初步行動，讓專案更快啟動。性急的人也不喜歡按照別人的進度做事，而是更傾向於按照自己的節奏，所以他們擅長打頭陣，為專案進展奠定基礎。

這樣的行動在旁人眼中，是積極、充滿幹勁與有活力的。因此，自然而然能成為其他成員的動力源，並帶領團隊向前邁進。

急性子的「快速初步反應」，能提升整個團隊的速度感。

性急的人不喜歡專案進度或溝通停滯不前，所以會盡早與他人協商，並提出要求。與其讓別人等待，急性子寧願選擇委託他人或外包，以便更快得到結果。

急性子擔任領導者時，當團隊成員回報進度，他們會以「哪種方式能更快得到結果」的角度來判斷下一步行動。假如他們認為應該放下手邊的工作，優先處理成員的需求，就算自己的工作繁重，也不會因此推遲。因為這麼做反而會拖累整體進度。

如果領導者能迅速回應，成員和客戶就不需要空等，也不用擔心何時才會收到回覆、對方是不是忘記，或是需不需要提醒對方等。

也就是說，**性急的人可以為團隊帶來安全感**。

此外，性急的人不喜歡等待，也不喜歡讓別人等待。

分配工作或下達指令時，急性子會盡快給出指示，避免讓對方久等；當團隊成員請求幫助時，他們會暫時放下手邊的工作處理。

這種為了不讓別人等待的舉動，會讓對方感到安心。而和這樣的人合作，就會想再次委託他。也就是說，安心感有助於獲得新的工作機會。

心理學上有一個專有名詞叫**「初始效應」（primacy effect），指人們的第一印象，會對後續產生強烈影響**。

如果能在最初就獲得滿足感與安全感，往後也可以保持良好的印象和心情。迅速回應且值得信賴的人，可以使團隊發揮更好的表現，並在愉快的氛圍中順利執行後續工作。

4 做得多，身體就會記住

性急的人重視結果勝於過程，所以**不論成功或失敗，只要得到某種結果，事情就等於告一段落**。他們不會執著於一件事，而是積極的嘗試，假如行不通就放棄。藉此，可以快速的將注意力轉移到下一步或新課題，並調整心態，迎接新目標。

這樣的性格不僅適用於單一專案，在不同領域的工作或任務，也同樣有效。

例如，除了銷售之外，急性子也可以同時跨足行銷領域。他們對新事物的求知欲旺盛，能在各個領域累積經驗。如果能將學到的知識和獲得的想法應用到下一份工作中，就能發揮加乘效果。

在職場上，有很多事情都是嘗試了才會知道。我相信，你一定也曾有過因為害怕而不敢嘗試的經驗。

但是，失敗和成功是一體兩面。與其花太多時間準備而裹足不前，不如抱持著「如果不行就換下一個方法」的心態去實踐，反而能更快的累積經驗。

一直在想（情況毫無進展）和試過但失敗了（了解失敗的模式）這兩種情況，對專案的後續進度和技能提升，都會產生巨大的差異。

先嘗試看看，不行就換下一個。這種能快速轉換心態、不斷前進的力量，正是急性子的人格特質。

比任何人都更快經歷失敗

優柔寡斷且難以付諸實行的人，一旦實際行動後失敗了，之前花費的時間和心血就會反過來造成傷害。如果受到的打擊太大，可能會讓他們耿耿於懷、長時間無法擺脫陰影，並影響後續的行動。

相較之下，性急的人不會思考過多，而是率先行動，即使失敗，傷害也較小。當然，沒有人希望在工作上遇到挫折，但**提早經歷失敗，意味著能更早從中學習。失敗的經驗可以提升應變能力**。

如果能快速進入「失敗↓轉換心情↓行動」的循環，就能增加挑戰的機會，並有更多機會嘗試新的方法和想法。此外，**接受失敗也有助於提升自我肯定感**。

一旦了解自己的弱點和極限，就能正確評估自身能力。這樣一來，就能在設定目標時，訂定更有效率且可實現的方針。經歷失敗後，對挑戰的恐懼和抗拒感也會降低，下次就能更積極的投入。這樣積極的態度能帶給人更多自信。

試就對了

性急的人能迅速轉換心態，因此，他們能夠在不中斷注意力的情況下，接著執行下一個任務。且由於本身的工作速度快，在相同的時間內，急性子可以完成更多工作。如果是類似的任務，重複幾次後就能找到更有效率的做法，或是提升技能。

換句話說，**越是積極、急切，就能累積越多經驗值，工作效率、能力和專注力也會隨之提升**。

我剛進入設計公司時，曾經觀察過公司裡工作效率最高的前輩。他俐落的動作讓我印象深刻，簡直就像手會自己動一樣。當我跟他提起這件事時，他回答：「做得多了，身體就會記住了。」

此外，我發現前輩不僅是工作速度快，也能迅速的產出成果。透過大致且飛快的推進工作，他能夠及早判斷方法他的是否可行，並在問題還不嚴重之前調整方向。這樣反覆試探和試錯的過程，最終使他靠近成功。

這份教誨不僅對工作有幫助，我也將它運用於自我提升和面對新挑戰的時候。

妥協也是一種優勢

如果過度追求完美，就會導致工作進度停滯不前。此外，堅持己見也會導致人際關係上的摩擦。

無論好壞，性急的人比較容易放棄，或是考慮其他妥協方法，所以，一旦他們發現更有效率的方法，就會尊重他人的意見。

懂得在堅持和妥協之間取得平衡，並在必要時彈性改變思維和做法的人，才能順利完成工作。

例如，在專案過程中遇到預期之外的狀況時，他們不會因為捨不得放棄自己的想法和計畫而推遲或調整方向，而是會承認失敗。

在團隊工作中，他們會聽取其他成員的觀點或建議，並調整做法，或是放手讓其他人去做，將解決問題放在首位，而不是堅持己見。只要能達成團隊的共同目標，他們不介意妥協，並靈活調整自己的意見和計畫。

由於急性子能迅速轉換心態、繼續前進，所以在其他成員眼中，他們是爽快的人、容易溝通，可以毫無芥蒂的展開合作。

只要能為團隊帶來利益，妥協也是一種優勢。

5 在團體中積極發言與表達

為了推動事情向前發展，性急的人會積極發言和表達。這樣的舉動有助於讓會議和專案順利進行。

當討論陷入僵局時，急性子能成為突破口，主動發表意見，這就是充分發揮了急躁性格的優勢。

在會議上第一個發言需要勇氣，不論內容為何，能率先站出來就值得讚賞。這麼做除了能引導討論方向，自己的想法也能獲得更多關注和被採納的機會。即使最後沒有被採用，積極態度也能讓參與者留下深刻印象。由此可見，能帶動討論的表達能力有很多好處。

除了積極發言之外，工作中還有很多機會可以將經驗（輸入）以各種形式輸出，例如寫作、演講、教學、發布資訊等。

性急的人喜歡看到結果和結論，所以很擅長以「輸出」展現行動成果。他們不會把接收到的資訊藏起來，而是透過表達來獲得滿足感。因此，他們會不斷將內部的資訊轉化為外部的輸出。很多人會定期發表部落格文章，或發表創作內容，正是因為讀者和觀眾的回饋是一種「結果」，而回饋可以轉化為動力。

例如，在宣傳新產品、希望在短期內提升銷售的活動中，速度是關鍵。急性子的人很適合這種需要快速推動，並從消費者身上得到回饋的專案。

我每天都會在社群網站或部落格上發表一些想法，或許是因為我很享受這種行為能帶來的結果（讀者留言或粉絲回饋）。

持續輸出也可以獲得相關資訊，或是認識該領域的專家，最終自然而然的蒐集到需要的資訊。如此一來，我就能持續獲得新的靈感，讓急性子的行為引擎保持高效運轉。

急性子是標準配備

由此可見，充分利用急性子的特質，能提升工作效率和速度。

例如，本章提到：

- 一邊做，一邊修正。
- 快速做出每個判斷。
- 提早開始，保留餘裕。
- 不拖延處理問題。
- 與其等待，不如自己先行動。
- 不害怕失敗。

這些都是對工作方法常見的建議，也是許多商業書和勵志書中提到的內容。也就是說，**性急的思考和行動模式，是工作中不可或缺的能力**。

如果把這些能力視為標準配備，那麼「性急」不就成了最強技能？
下一章中，我將介紹性急的人可以靈活運用的工作技巧。

第 3 章

多工是好事，但大腦很疲勞

接下來將介紹如何把性急的特質應用在工作上，並大展身手。有些方法可能與大家過去熟知的工作術、時間管理術略微不同。我試著思考如何將急性子轉化為積極的動力，並有效率的推進工作。

即使你不是個急性子，也能從中找到適合自己的工作技巧。

1 除了速度快，還得展現體貼

我討厭囤積工作，所以會盡可能避免讓工作停留在我手上。**最能凸顯這個習慣的一件事就是：我會盡快回覆電子郵件**。

我相信郵件往來是許多上班族的日常工作，從「時間就是金錢」的商業價值觀來看，快速回覆可以說是急性子所擁有的最大武器。在遠距工作普及的現代，你可以藉此從對方身上，獲得比以往任何時候都更多的「信賴加分」。

新冠疫情加速了線上交流的普及，與客戶接觸已不再局限於面對面，如何在虛擬世界建立良好的第一印象更加重要。

當收到新的線上詢問或諮詢時，往往需要在未見面的情況下，透過郵件或聊天軟體等較為冰冷的聯絡方式與陌生客戶溝通。此時，相較於透過說話語氣和表情溝通，迅速回覆更能在第一時間建立專業形象，讓客戶感受到你的重視與積極，留下「似乎可以和這個人進行良好的溝通」的正面印象。

特別是客戶的**「第一次接觸」**，**快速回覆所帶來的信任感提升（只限首次）更是顯著**。我個人就曾多次得到客戶讚美：「我聯絡了好幾家公司，貴公司回覆最快也最親切。」並

因此贏得重要合作案。而這並非一、兩次的個案。

當然，回覆速度也不一定是越快越好。過於急促的回覆，有時反而會讓人感覺不夠真誠，甚至質疑是否只是制式化的罐頭訊息，缺乏仔細思考。

因此，在追求效率的同時，更應注重回覆的品質。設身處地為對方著想，用心撰寫回覆內容，才能真正展現專業與關懷。回覆時應避免含糊不清，也可以試著加入一些反問，引導對方說出更多的話。

別忘了，除了**迅速之外，也必須展現出體貼，才能真正贏得對方的信賴**。

2 設計一天的總工作量，不要超載

決定優先順序對任何人來說都很重要，但急性子若想有效率的完成工作，更需要用適合自己的方式來安排。

一般會建議在早上頭腦最清醒、效率最高的時候，先處理重要事項（不用動腦的簡單工作可以延後）。我也相當贊同這個觀點，但另一方面，如果把能馬上完成的工作留著，就會一直掛念「還有待辦事項沒完成」，反而可能降低工作效率。

急性子本來就擅長一開始便全力衝刺。因此，我採用**「先完成簡單易做的事，再處理重要工作」**的順序。

一大早就把瑣碎的事項一一解決掉，讓人感覺暢快！我會藉由完成立即可做或簡單的工作來提升幹勁，再帶著好心情投入需要花時間處理的工作。

不過，如果繁瑣的事情太多，反而會造成反效果。因此，最好設定在「三十分鐘內完成」等限制，在不讓大腦感到疲勞的範圍內，獲得完成工作的成就感，然後再開始處理重要工作（視工作內容，有時會反覆執行這兩種類型的事情）。

這裡會產生一個問題：好不容易開始處理較繁重的職務後，還是會不斷冒出突發工作。對於急性子的人來說，很容易想在零碎時間裡塞進各種簡易的任務。然而，這樣反而會讓大腦感到疲憊。

這種情況下，**重要的是要設定一天的總工作量，並制定規則，避免增加額外的業務**。

例如，規定傍晚〇點以後收到的郵件，或是將白天收到的信件分類等，可以推遲至隔天早上處理。

一旦確定規則，就能在前一天將隔天早上要做的工作整理好。將這些工作加入隔天的第一點待辦事項中，就能在早上有個順利的起步（關於工作清單的製作方法，將在下一章第一節詳細介紹）。

如此一來，就能刻意減輕忙碌感，創造出能夠最有效率發揮性急特質的循環。

3 設定中途目標

在複雜的專案中，我們必須密切關注市場動向和競爭對手的動態，才能準確的制定目標、期限和資源分配策略。

專案規模越大，所需的調查研究範圍越廣，參與的人員也越多，導致專案延期的風險也隨之增加。對於這樣的專案，與其一開始就追求最終目標，不如設定幾個階段性的中途目標，反而能提高可控制性，也能讓團隊成員或合作對象更安心。

以我為例，我不擅長從頭到尾、逐字逐句閱讀冗長的企劃書或提案委託書（Request for Proposal，縮寫為ＲＦＰ）。所以，我會先設定中途目標：快速瀏覽一遍，掌握重點。如此一來，就能先快速了解整體架構和核心內容，再仔細閱讀。

像這樣將閱讀拆解成兩個階段，先完成「快速瀏覽」的第一階段中途目標，可以讓任務變得更清晰，同時也能獲得完成任務的成就感。此外，由於已經掌握文件重點，後續細讀就能更有方向、更容易理解，進而提升整體閱讀效率。

其他像是完成一半工作時先進行報告，或是寫文章前先列出整體架構等，也都可以設定為中途目標。

對於急性子來說，**設定中途目標**

的一大好處是，即使是複雜的長期專案，也能因為目標看似更近、更容易達成，有效緩解面對龐大任務時的焦慮感，提升信心。此外，將時間細分也能更容易隨時調整各階段的工作量和執行方式，更準確的掌控專案進度、人力資源分配等，使專案順利推動。

4 刻意保持未完成的狀態

休息也需要掌握一些訣竅。不是等到某項工作告一段落，而是特意在工作途中喘口氣。

急性子的人容易因為完成一件事而感到安心，如果在某項工作告一段落後才休息，很容易陷入鬆懈的狀態，難以恢復原來的專注力。為了避免這種情況，**可以中途安排歇息時間，稍微留下一部分工作，刻意保持「未完成」的狀態**。

例如，停下寫到一半的郵件，或是留下部分包裝工作等。這種**未完成的狀態會讓急性子感到些許的不適，因此，反而能產生一股想要回去完成任務的動力**，在片刻休息後能更快的投入工作。

透過這種方式控制大腦，能讓休息成為一種策略性的調整，而非完全的放鬆。這能幫助性急的人迅速恢復狀態，保持良好的工作表現。此外，如果為了追求一次完成而一口氣做到最後，反而可能因為過度疲勞，而難以再次回到工作模式。與其勉強做完，不如在感到疲倦之前適時停歇，反而更能維持工作效率。

如果上班地點有表定的休憩時間，就能有效的強制休息，避免過度勞累。但**如果可以自由安排，最好事先規畫**。

5 將重要工作安排在早上處理

急性子的人擅長早起行動。

為了讓自己能在早上集中注意力，以及速度起步，我每天都會做以下這些事：

- 早上盡量不動腦（減少服裝選擇／不看電視），避免浪費多餘的精力。
- 早餐菜單固定（吐司和咖啡）。
- 做些輕度運動（以前是跟著 YouTube 上的健身影片做，最近則是跳繩）。
- 進辦公室後先執行例行事務，創造節奏感（幫植物澆水後再開始工作）。

早晨的大腦尚未感到疲勞，無論是否有高昂的幹勁，都能輕鬆的將工作效率提升到最佳狀態。

對急性子來說，第一步尤其重要。將一天的活動顛峰安排在早上，可以在短時間內高度集中注意力、大幅提高生產力。此外，早晨充滿活力的狀態，也能感染周圍的同事，為工作環境營造積極的氣氛。

我從三十二歲成為公司的董事後，便開始比上班時間提早許多到公司，通常在早上七點多抵達，並進行一些晨間活動（當然，這也是因為董事職位不受一般工作時間限制）。

由於提早到公司，讓我能在正式上班前完成晨間活動，帶著滿滿的成就感和從容的心情展開一天的工作（關於晨間活動的安排，請見第七章）。

6 下班之後就是新的一天

早上以最佳狀態全力投入工作後，自然就能提早完成各個任務，下午就能確實感受到待辦事項按計畫減少的成就感。此外，由於從早上就開始累積小小的滿足感，有助於保持積極的工作心態，更有效率的完成工作，帶來愉悅舒適的感受。

我個人習慣在早上全力衝刺，但同時也抱持著**「萬一無法維持到下班也沒關係」**的心態。

我的想法是，只要在初期取得一定成果，即使後續的工作效率略有下滑，整體而言仍能保持良好的進度。就算真的感覺到效率正在下降，也能靠先前全力衝刺所累積的「成果存款」，讓我從容的休息、調整，轉換心情重新投入。

此外，如果能事先決定好下班時間，就能在下班前集中注意力。由於剩餘時間明確，必須有效的安排進度，避免工作堆積如山。如此一來，就能冷靜的分配工作和判斷優先順序，例如：這件事今天必須完成、那件事明天早上再處理也沒關係。

將下班時間視為一天的終點，也就是說，下班之後就是新的一天。我注意到這一點後，就將一天開始的基準設在下班時間。

我想，大多數人都是在固定的時間點起床，但另一方面，也有許多人為了工作而犧牲與家人相處或睡眠時間，導致作息紊亂。

這就表示，人們其實是為了「起床時間」的日常標準，不得不本末倒置的犧牲其他時光。如果能有明確的下班時間，就能在既定的時間到家，如此一來，就不會打亂家庭或個人的計畫，作息也會更有規律。同時，這也能確保充足的睡眠，避免睡眠不足影響到早晨的充沛精力，從而提高專注力。

對急性子來說，早晨是他們最能發揮實力的黃金時段。確保充足的睡眠，能讓他們每天都穩定的發揮。

工作總有開始和結束。

然而，在著手一件事之前，起點往往是模糊不清、難以預測的。儘管我們可以透過擬定計畫來掌握進度、勾勒輪廓，但若缺乏明確的終點，就只能漫無目的的盲目奔跑。

正因如此，才要設定截止日期（終點）。設定期限後，就能從你安排的日程反推行動步驟，以適當的節奏前進。

我自己也將這個想法運用在日常的時間管理中。**將下班時間視為一天的結束（截止日期），同時也是新的開始，**讓我感受到自己正穩定的向前邁進。

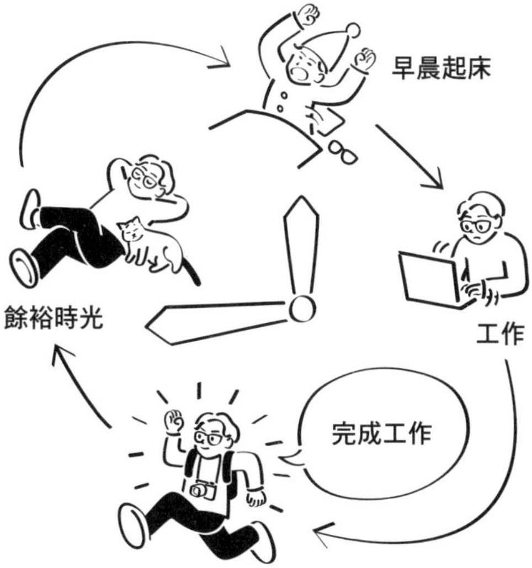

7 急性子閱讀法

當你想挑戰新事物或需要專業知識時，很多人會從閱讀該專業領域的書籍開始。這種時候，你是否會煩惱該買哪個程度（難易度）的書？

我的做法是，**直接選擇該領域中看起來最淺顯易懂的書**。

我在第一章提到，我討厭閱讀。專業書籍確實內容豐富，但急性子本來就不擅長逐字逐句的精讀，到頭來不是反覆閱讀很多次，就是在還一知半解時放棄。

急性子的人有個可悲的特質，那就是即使想馬上解決難題、急於求成，但由於討厭循序漸進的學習基礎知識，或是花時間理解，很容易半途而廢。

市面上有很多《漫畫○○》、《第一次學○○》、《零基礎學○○》等初學者入門書，我會**先閱讀這些淺顯易懂、容易上手的書籍，累積基礎知識後，再閱讀專業書**。

急性子的人擅長快速掌握重點。如果能先透過淺顯易懂的文字掌握重點，閱讀下一本書時就能加快理解速度。

首先要做的是，自我心理建設——我也做得到。這乍看之下似乎是繞遠路、謹慎行事，但我認為對急性子來說，這才是最有效率、最快速的途徑。

8 立刻做的工作優勢

能運用急性子的行動力率先行動的人，光是如此就能脫穎而出，贏得周圍的讚賞和肯定。更重要的是，**行動力與經驗（年資）和實力無關**。

我個人的求職經驗很特別，由於我大學四年級時就幾乎修完所有學分，所以想早點開始工作，便拿著偏好中途採用（按：即已有工作經驗的轉職者）的求職雜誌，到設計公司面試。

由於我沒有設計學校的背景，也沒有任何相關經驗，因此，我認為想要錄取就必須有壓倒性的作品數量，於是我帶著數百張的作品集去面試。結果，我幸運的以學生兼社會人士的身分，進入東京的一家設計公司。

後來，聽說公司當時對我的評價是：

- 停不下來的創作者。
- 不用別人說，就會主動創作。

我聽到這些評價時非常開心。然而，這個做法毫無參考價值，所以不推薦大家模仿（學生還是應該專心於課業）。但我發現，只要將急性子「立刻行動」的標準配備，加上「數量」和「熱情」來決勝負，不論技能如何，都能獲得別人的肯定。

能立刻行動的人很少，所以光是能做到這一點就有成效，但僅僅這樣還不夠完美。**在「立刻」的基礎上，加上「做了多少、投入了多少熱情」，效果就會加倍。**

例如：

- 立刻＋調查許多案例並製作提案書。

- 立刻＋將過去的經驗傳授給新進員工。
- 立刻＋蒐集每個拜訪地點的現場意見，寫成報告並發表在部落格上。

在工作中，有很多機會可以將數量和熱情添加到「立刻行動」中。不需要是特殊的技能，請務必掌握速度以外的武器。

9 將截止日提早

一旦工作有時間限制，就容易感到焦躁不安，這是急性子的天性。但反過來想，截止日期可以成為「戰略工具」，以下將介紹兩種方法。

第一種是**設定稍早的截止日期**。如此一來，就能留有一點彈性時間，可以確保在不被時間追趕的情況下，達成目標並維持合適的進度。

另一種是**將大型專案分成幾個小部分，並為每個部分設定截止日期**。這樣更容易掌握整體進度，提升時間管理的效率。這不僅能讓自己工作得更有餘裕，也能有效管理團隊的進度。

當急性子在團隊中工作時，除了自己的進度，也會在意其他人的進展，如果其中一方沒有按計畫進行，就會形成壓力。

這種情況下，建議為不同階段的任務各自設定截止日期。例如，如果最終截止日是十天後，可以要求在第八天時提交報告，或是將細分的任務各自設定不同的期限。這樣就能更容易的掌控全局，從管理的角度來看也非常有效。

我擔任總監職位並扮演團隊領導者角色已經很久了，過去一直都刻意運用上述技巧。如此一來，不僅有機會讓長期專案比預期更早完成，也能讓自己感到安心。

10 每天和同事分享一個資訊

在團隊工作中，我非常重視資訊的流通與共享，我會盡量避免某個人的想法或知識無法傳遞給其他人。我認為，團隊中未共享的資訊如同隱形的阻礙，會導致溝通成本增加、產生不必要的作業流程，降低整體效率。

尤其在資訊量爆炸、新技術和趨勢層出不窮的時代，「學習」成為不可或缺的能力，但每個人的專業和學習方式不同，學習進度自然也會有差異。

如果每個人的學習進度不一致，就可能導致團隊無法跟上產業潮流，進而使人焦慮和困擾。既然如此，**不如建立一個可以互相借力、彌補彼此不足，並共同提升**

能力的機制。

我的公司每天都會舉行晨會，除了確認每位成員的工作進度，會後則有「一日一力」環節，由每個人分享一個資訊。如果成員大約十人，所需時間約為十到十五分鐘。

做法很簡單，就是請每位成員將個人感興趣的網站或資訊來源等內容，發布到公司內部的資訊共享平臺，再參加會議。

由於工作性質的關係，我們每天都會接觸網路、吸收資訊，所以不太可能找不到想分享的內容。只須貼上感興趣的文章，或是X（原推特）、Instagram等社群平臺的貼文連結即可，短時間就能做到（也可以事先發布，在分享時口頭說明）。

利用早上短短幾分鐘，吸收每位成員提供的資訊，相較於一個人查找資料，這可以說是相當省時省力、效益極高的機制。

由於成員的職務各不相同，分享的內容也五花八門。有時甚至會出現我完全看不懂的技術資訊，簡直如同天書。儘管如此，這也帶來了新鮮的刺激，激發我的求知欲和些許的危機感，我覺得這是一件好事。

在這些分享的資訊中，經常會有許多省時小技巧，例如：加入這個外掛程式就能加快處理速度、其他同業利用這個指南來改善網頁製作流程和效率等。

而**急性子的人擁有許多加快工作速度的技巧**。將這些急性子祕訣變成團隊共享的資源，並實踐這些省時技巧，就能提升整體效率。

11 做不來的事就交給別人

急性子的人憑藉迅速的行動力，在意識到自己能做到的同時，也能快速認知到自己做不到的事情。

如同第二章所提到的，在工作中，**快速判斷自己的極限和弱點，並果斷放棄做不到的事情，轉而投入其他能做到的事，這種乾脆的態度會成為你的優勢。**

如果能毅然決然放棄，就能將空出來的時間用於其他工作，或學習其他技能。先承認自己做不到，將注意力轉移到找出無法做到的原因，就能加快修正的速度。

尤其在創意產業中，特別容易依賴個人特質。

例如，我原本大都是獨自完成網頁製作的企劃、設計、程式編寫和維護等所有流程，但隨著技術進步和產業發展，我發現有些工作自己無法勝任。從那之後，我開始強化團隊合作，而不是凡事都靠單打獨鬥。

在團隊中加入擁有自己缺乏的技能和專業知識的人才，就能將團隊的成果最大化。以往我習慣獨自完成的工作，現在則由企劃、文案、設計師、工程師等不同職務的人分工合作。

這個重大的思維轉變，讓我深刻體會到及早接受「做不到」的重要性。**一個人能完成的工作量和能力是有限的。**

隨著年齡增長，表現也會下滑。如果過於執著於一個人完成所有事情，就會一直困在同樣的工作中，無法突破。長遠來看，「自己做比較快」、「教別人太浪費時間」的想法會阻礙自身成長。

教導別人的確很花時間，也很麻煩，但如果部屬或後輩的能力提升，就能大幅提升團隊的整體能力和表現。作為領導者或前輩，自身也會獲得肯定。

這不僅適用於人力和時間，也適用於專業知識。

自主學習固然重要，但透過付費參加研討會、購買專業知識，或是委託專家協助，也能加快達成目標的速度。

有時，**選擇單打獨鬥以外的方法才是最快捷徑**，別忘了還有委託他人、請教他人、付費取得資源等選項。

12 如果你是急性子的領導者

延後處理自己的事情，對於不擅長配合他人步調的急性子來說，是非常犧牲、矛盾，也需要很大勇氣的舉動。但是，這也是一種以工作進度為重的策略。

如果你是一位團隊領導者，建議**先完成能為成員做的事情，再開始自己的工作**。就結果來說，這樣做才能高效完成工作。

減少等待指示的時間，所有成員就能更快著手工作，整體效率也會提升。此外，成員們也會對領導者總是優先考慮部屬而產生信任感。

雖然把自己的事放到後面處理，會拖延到一開始的進度，但你之後也會發揮急性子的特質，以飛快的速度完成工作。

由於我的職位經常會收到成員報告、想法交流和諮詢等訊息，除非有其他非常緊急的事情，否則我會盡量放下手邊的工作，優先回覆他們。

對性急的我來說，什麼是最理想的狀態？比起只有自己的工作進度最快，營造出整個專案都能有效運作的狀態，我感受到的壓力更小。

即使暫時把自己的需求放在次要，也會因為進入「要在短時間內完成工作」的模式，反而更容易集中注意力、提升生產力。

第 4 章

這樣做事，速度與品質兼顧

急性子天生就傾向追求效率，渴望以最快的速度完成任務。

與其急急忙忙、漫無目的的展開工作，不如思考達成目標所需步驟和時間的最短路徑，掌握有效率的做事方法和機制。將這些方法與你本身的行動力結合起來，就能更快的完成工作。

1 列出清單，做完就打勾

如果無法掌握一天的工作量，只專注於眼前的任務，就會導致工作毫無計畫。這樣一來，可能會發生不了解還有哪些事情要做、每天都忙得像無頭蒼蠅卻無法完成工作、忽略重要任務等情況。

明明想快點完成、避免拖延、節省時間，卻在事後才發現效率反而更差。

為了避免這種情況，首先要在工作或專案開始前，將自己必須完成的事項列成清單。如此一來，就能抑制倉促行事的衝動，避免遺漏，並順暢的完成工作。

明確知道自己該做什麼，就能將急性子的能量轉化為積極的動力，比起想到哪做到哪，工作效率更高。

我十分建議，利用手機的提醒事項或待辦事項等功能來製作清單。

我個人是使用 Mac 和 iOS 系統內建的備忘錄應用程式。這個應用程式有製作核取清單的功能，勾選（完成）的項目會自動移到清單下方，積攢下來的完成項目就像是不斷累積的小小成就。同時，隨著清單上的待辦事項減少，也會讓人感到輕鬆。這完美滿足了「想要快點完成」的急性子心理，能帶給人滿滿的成就感。

在清單上，除了當天必須完成的專案名稱外，諸如回覆○○的信件、列印收據、確認○○的進度、倒垃圾等**雞毛蒜皮的小事我也會一一列出來**。我每天大約會有二十到三十個待辦事項。

一開始看到這麼多項目，會感受到很大的壓力，但同時也會讓我燃起想要快點完成的欲望，眾多的待辦事項會轉化為迫不及待著手的動力。

有了這份待辦事項清單後，我就不再受「那件事怎麼樣了？」的雜念困擾。完成的事情也能乾脆的拋諸腦後。

當然，工作中也會隨時接到新的任務，我會在**接到任務後立刻記在備忘錄上**，

完成後就打勾。不斷重複「新增任務↓完成任務↓標記完成」，將未完成和已完成的事項清楚分類，這種感覺真是太棒了。

不過，要注意的是，看著滿滿的清單，可能會讓人產生一種「我一直在認真工作」的錯覺。

工作的價值在於成果，而非數量或忙碌程度。因此，在將任務新增到清單上之前，更重要的是思考：這項任務是否真的需要由自己完成，能否委託同事或外部合作夥伴等（見第七章第四節）。

從這個角度來看，**將工作列成清單，等同於視覺化自己的工作內容，且能進而引發思考**。

2 字跡不求工整，只要能辨識

我認為，工整的寫字很浪費時間，所以在寫筆記或指示時，我**只求能辨識，毫不在意是否潦草，也會使用獨創的速記和縮寫**。

公司裡的人可能覺得我的字很醜，但我覺得只要看得懂就好，所以並不介意。

此外，我經常需要手繪企劃大綱、客戶與使用者關係圖、設計草圖等，但我也不會刻意畫得很工整或漂亮。這是因為，如果想畫得很工整，過程中只要有一點小失誤，就會忍不住想重來，這樣自然會花很多時間。

手繪的目的，通常是為了簡潔的向對方傳達整體流程或優先順序等資訊。只要能達到這個目的，就沒有必要畫得很漂亮。

此外，我會使用固定的繪圖工具和筆記方式。

例如：紙張一律使用A4影印紙、只用書寫流暢的原子筆、繪圖地點固定在寬敞的辦公桌等。就連在紙上畫方形或圓形等圖案時，我也會事先決定好畫法，如此一來就不需要在下筆時一一煩惱。

我偶爾也會使用iPad等數位工具繪圖，但總是盡量不使用復原功能。雖然復原是很方便的功能，但也因此無法留下好不容易浮現的

▲ 思考網站版面配置的草圖。不追求工整，而是果斷、快速的畫出來。

靈感，所以我會盡量不使用。

持續練習後，最終會發現自己不必刻意思考，手就自然而然的開始動作。如此一來，工作速度自然就會提升。

3 盡量減少多餘的步驟

急性子的人通常認為沒有必要花時間去考慮多餘的事情，所以會盡可能在無須多做思考的事物上，減少動腦的時間。因為，思考時間越少，就能越早採取行動。

我會將這種態度運用到工作中。例如，將服裝、三餐等日常生活和工作中的「準備」模式化、例行化，就能減少思考瑣事的時間。「到公司後先確認郵件」等自行制定的規則也屬於此類。縮減午餐餐廳的選擇範圍，也是一種可以避免思考的小技巧。

靈活運用科技也很有效。例如：使用搜尋引擎、ChatGPT 等工具來代替思考，或是運用自動化系統和應用程式。

利用 ChatGPT 摘要長篇文章、回答制式問題等，也能使用自動化工具分析數據、評分，並根據潛在客戶的分類發送自動回覆訊息，這類工具也越來越普及。

人工智慧的應用範圍越來越廣，也能應用於「知識生產」，例如大量產生創意等。善用這些工具，就能幫助我們「避免思考」。

我從以前就不喜歡思考，覺得思考很麻煩，所以在日常生活中會盡可能減少動腦的時間。

然而，設計類的工作需要大量動腦，因此，**為了在必要時能集中精神，我會盡量減少工作中的多餘步驟**。舉例來說：

- 將郵件設定自動分類，歸納到不同的收件匣（方便日後查找）。
- 開會地點舉行在固定場所（省去尋找地點的麻煩）。
- 利用各種範本和格式，提升製作文件的效率（省去重複作業）。
- 建立資料夾和檔案的命名規則（縮短搜尋時間、減少操作失誤）。

▲ 這是我們公司建檔時使用的命名規則，我們將資料夾的結構和檔名標準化。每個專案開始前，都會先複製一份資料夾的範本，並在檔案名稱中加入日期，以便依時間排序。

- 使用光學字元辨識（Optical Character Recognition，縮寫為OCR。辨識和處理圖像或影片中所包含的文字及排版資訊）將手寫文字數位化（省去另外打字的時間）。

我會盡可能利用各種自動化、系統化工具，減少不必要的步驟。如此一來，就能將省下來的時間和精力用於處理重要的工作。舉例來說，當我在思考創意或設計時，我會特別意識到，這是「只有我才能完成的工作」，因此在過程中會想像顧客的面容和未來，保持對工作的用心，並不輕易省略任何重要的步驟。

4 製作流程範本

急性子最能發揮優勢的工作類型包括：規則明確、流程固定，以及重複性高的工作。這些工作都有固定的模式，容易激起急性子追求效率的精神，並快速完成。

相反的，如果沒有明確規定、流程固定卻沒有標準作業程序，或是先前有類似案例卻找不到需要的資料等情況，就無法充分發揮急性子的強項。

因此，盡可能建立標準作業程序非常重要。例如，建立標準化格式來撰寫簡報資料或報告、使用專案管理工具讓所有工作流程一目瞭然等。如此一來，就能排除多餘的思考，更有效率的完成所有工作。

即使是粗心的急性子，只要**一開始有標準作業程序，就能避免出錯或遺漏**。無論是團隊合作還是個人作業，建議將重複性高的工作標準化。例如：

- 專案流程清單（避免遺漏、透過勾選完成的任務來維持品質）。
- 到職／離職待辦事項表（整理勞務和庶務相關流程）。
- 費用申請表（可使用 Google 表單製作，實現無紙化、簡化統計）。
- 員工個別面談表（方便定期回顧、記錄談話內容）。
- 設計元件範本（將常用的元件製作成範本，供所有人使用）。
- 文稿蒐集表（設定標題、內文、英文翻譯等欄位，並註明字數限制）。
- 過去相似專案的報價清單（作為類似案件報價的參考）。
- 電腦更換流程表（列出要安裝的應用程式、帳號規則等）。

我的公司會將員工常用的文件盡可能製作成範本或手冊，並存檔在共享資料夾中。此外，我們還會進一步細分，例如分別針對小型、中型、大型專案製作不同的報價單範本。

由於這些範本只會越來越多，為了避免搞混存放位置，我們在公司網站後端建立了「服務臺」。

服務臺中彙整了公司業務相關資訊、常見問題（如果搬家需要哪些手續、委託外部合作夥伴的方式、範本素材）等通用資訊，建立這個平臺可以省下團隊間問問重複問題的時間。

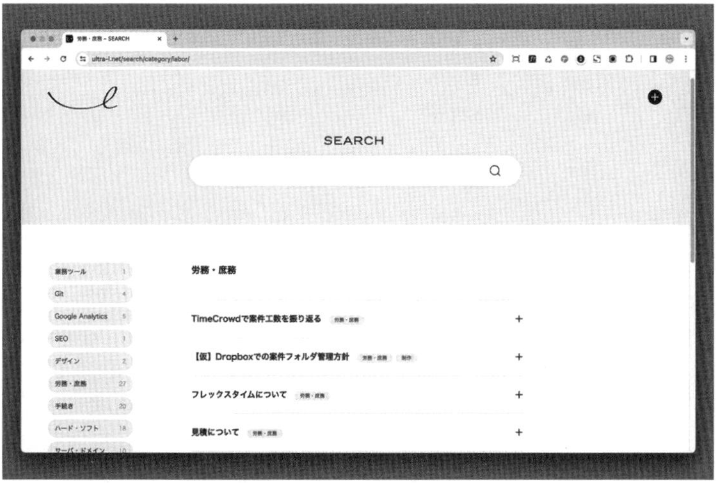

▲ 所有成員都能瀏覽和更新的「服務臺」。

5 先整體，後局部

製作簡報時，你是否會從第一頁開始依序製作？這種方法潛藏著一個陷阱。如果過程中遇到內容較多的頁面，就需要重新調整文字大小、版面配置，甚至是整份簡報的風格，導致浪費許多時間。

依循「由大而小」的順序，可以有效避免這種情況。

不要從第一頁開始製作，而是先著手處理內容最多的頁面，並以此為基準決定好簡報的格式。最好連同使用的字體、大小、顏色等一併確定，盡量減少不必要的顏色和字型變化，保持簡潔一致。

確認格式後，就能盡情發揮急性子的優勢，快速完成剩下的頁面。事先決定好規則，就能大幅提升後續的工作效率，避免反覆調整和修改。

這種「先整體，後局部」的策略也適用於日常生活中的許多場景。

例如，在整理文件或烹飪時，如果一開始只是隨意收納或裝碗，可能做到一半才發現容量不足，而必須準備新的容器，徒增麻煩。

如果先花些時間評估整體的工作量和需求，例如選擇合適的收納工具、容器，就能避免不必要的重複勞動。

無論做任何事，都不要盲目的從頭開始，而是應該先掌握全局，冷靜判斷從哪裡著手比較適當。

「停下來思考」對急性子的人來說或許並不容易，但「快速掌握全局」卻是我們的強項。善用這個優勢，就能事半功倍。最重要的是，可以避免重新來過帶來的壓力和時間浪費。

6 複製貼上，找最短路徑

經常使用電腦或手機工作的人，如何整理使用環境並提升工作效率，將大幅影響使用這些裝置的時間。

例如，將桌面上的資料夾集中在一側，以盡量減少滑鼠移動距離，或是將手機應用程式依使用頻率排序等，都可以省下許多時間。

電腦開機後的操作動線，將大大影響後續的工作速度。有許多方法，可以減少「搜尋」所需的滑鼠點擊次數，幫助你快速找到需要的檔案或資訊。

以電子郵件為例，為每位寄件者建立專屬資料夾，並設定自動分類，就能省去日後搜尋郵件的時間。

此外，隨時保持桌面整潔、盡量減少瀏覽器的分頁數、使用快速存取等捷徑功能，都可以避免浪費時間在搜尋上。因此，**最初的環境設定非常重要**。

順帶一提，我每次換新電腦時，都會先進行這些設定。

執行重複性高的電腦作業時，我會盡量找出能節省時間的路徑，即使只是省下一秒或點擊一次滑鼠的時間。為此，我會仔細安排操作順序，調整多個視窗的重疊順序和位置，盡可能讓它們排列在同一條直線上。

以複製貼上資料為例。如果這項工作需要重複幾十次、幾百次，操作動線的差異就會影響最終完成的時間。這種情況下，我會先思考以什麼順序複製、貼上才能最快速、最直接。

假設我有多份報價單，需要將每份報價單的項目、數量、金額複製到另一個檔案。此時，我不會以個別專案為單位逐一輸入，而是先一次輸入所有數量或金額，也就是以項目為單位進行。因為，只處理同一項目，就不需要在不同資訊之間切換，操作更直覺，速度也更快。

像這樣**事先找出最佳且最快的途徑，是快速完成工作的基礎**。

一旦規畫好最短路徑，之後就能以放空的心態，維持穩定、快速的節奏反覆執行，就像在玩遊戲一樣。雖然只是單純的作業，卻能讓人感到非常興奮。

7 用一個字輸入一整句話

在撰寫電子郵件或傳送聊天訊息時，我們經常會使用固定的開頭和結尾，以及大量的重複文字。

每次都輸入相同的文字既麻煩又沒效率，為了盡量減少鍵盤和滑鼠的操作，可以**將常用的詞彙或句子登錄到使用者辭典**（以 Mac 為例）**中**。這個功能可以將常用的詞彙或句子儲存在電腦裡，方便隨時取用。

例如，每次都要輸入「您好，我是 Design Studio L 的原弘始」這句開場問候很麻煩，可以設定成輸入「您」後，按下空白鍵自動轉換。其他例子包括：

- 確：請確認。
- 評：請評估。
- 感：感謝您一直以來的支持。
- 謝：謝謝！
- 郵：（自己的電子郵件地址）。
- 日：請問以下日期您方便嗎？○月○日（○）○○：○○～○○：○○

將常用的詞彙登錄到使用者辭典中，就能滿足急性子追求快速完成的心理。

8 換個環境想事情

對於容易被周遭事物影響、再忙碌也想立刻回覆郵件或處理非緊急工作的急性子來說，事先創造一個「沒有雜訊」的環境，對提升工作效率非常有幫助。

我個人非常喜歡待在辦公室和家裡，但若想高效工作，我在咖啡廳或高鐵上的效率，反而比辦公室或家裡更高。辦公桌周圍擺滿了各種與工作有關的資料，都是跟自己有關的東西，這會分散我的注意力。

相較之下，**在咖啡廳或高鐵上，除了電腦以外，其他東西都與我無關，視線就不會被吸引**，更容易集中精神。

如果你只能在辦公室工作，可以換到會議室；如果連會議室也不能去，可以在視線範圍內擺放一些與自己無關的東西。

郵件和聊天訊息也是同樣的道理。第二章提到「快速回覆」是急性子的優勢。但是，如果訊息太多，還是會影響注意力。這種情況下，不妨大膽**關閉通知**，在工作期間隔絕外部干擾。

如果能定期快速回覆，在累積足夠的「信用存款」下，相信對方不會因為沒有立即收到回覆而感到不滿。

9 即時編輯，省去等待時間

Google 試算表、Google 文件等線上共同編輯工具非常方便。這些工具可以讓多人同時編輯同一個檔案，也可以看到其他人正在編輯哪個部分，省去了許多等待和來回修改的時間，非常適合急性子。

如果是使用個人裝置編輯檔案，必須等其他人修改完回傳，或是另外花時間整合其他成員的檔案，而線上共同編輯可以省去這個步驟。

相較於透過電子郵件或通訊軟體傳送檔案，線上編輯不需要等待或整理，這對性急的人來說非常方便。

市面上有很多專門的軟體，可以用來管理行程和工作項目，但我盡可能的使用電子表格（如 Google 試算表），並加入我的使用習慣，應用於團隊管理。開會時，可以和與會者共享試算表，並在當下將討論的內容記錄下來，非常便利。此外，**使用像 Google 日曆這樣的行程管理應用程式，將所有人的行程公開，**也是很實用的方式。

對急性子來說，不確定的日程安排會成為壓力。因此，無論是自己、團隊成員，還是合作對象的行程，都應該盡早確定。如果所有人的行程都是公開、透明的，就能在空檔中直接安排其他事情，不需要另外溝通。

如果有例行會議，則可以使用指定時間間隔或定期重複的功能，例如，設定成「每月第三個星期五下午兩點」。此外，Google 日曆也有促進省時的功能。

說到浪費時間，許多人腦海中首先浮現的，往往是冗長的會議。我們在行程表上預留開會時間時，通常會設定為一小時或兩小時，以六十分鐘為單位。即使實際討論的內容不需要這麼多久，人們也經常不自覺的將時間全部用完，導致會議拖沓冗長。

Google日曆的「縮短開會時間」功能顛覆了這個概念（按：設定→活動設定，即可勾選此功能）。啟用這個功能後，系統會自動縮短會議時間。例如，**預設為三十分鐘的會議將自動縮短五分鐘，超過一小時則會自動提前十分鐘結束**。

這個功能可以有效縮短會議，我在知道這個功能時簡直欣喜若狂，立刻就開始使用。

提升效率和善用工具的關係密不可分，讓我們好好利用這些科技吧！

第 5 章

如何快速產出
但大腦零負擔

如同第二章所說，急性子的人擅長快速產出成果。利用「立刻行動」的特性，可以快速產生大量想法，也能讓大腦吸收大量資訊，醞釀點子。本章將介紹急性子特有的創意發想法。

1 先吐後吸

「擅長輸出」和「能否持之以恆的輸出」，是兩件截然不同的事。為了持續輸出，我格外注重「**徹底吐出，而非一味吸收**」。

一般而言，通常會先輸入（學習、吸收知識）再進行輸出（實際呈現）。然而，這種模式容易讓人滿足於一次性的輸出，而無法持續輸入。

因此，我選擇反其道而行，先輸出擁有的東西（或是一有東西就輸出），刻意讓自己處於「清空」的狀態。

在清空的狀態下，會讓人感到無法滿足。不滿足就會想要填滿，進而渴望輸入。如果先大量輸入（吸收過多），就會處於飽和狀態，很難出現這種感覺。

- 吸氣：肚子飽了，很滿足。
- 吐氣：肚子餓了，不滿足。

把氣徹底吐淨之後，就只能吸氣了。

「徹底吐氣」其實並不容易。例如運動訓練時，教練常會提醒要徹底吐氣（我過去在健身房也時常被提醒，這個概念讓我很有感觸），也就是有意識的吐氣，才能好好吸氣。

我曾經為了公司的宣傳活動，連續十年每月寫三十篇部落格文章。儘管每天都很忙碌，我仍然持續更新部落格的目標，養成輸出的習慣。

一旦遇到「空了」（沒有寫文章的題材）的情況，就會產生想填滿（尋找新素材）的渴望，我想這就是我能堅持下去的動力。

急性子基本上都難以忍受「空」的感覺。空了就會想填滿、吐氣後就想吸氣、輸出後就想輸入。因此，**持續下去的訣竅就是刻意清空**。

構思想法或企劃時，我會先從腦中的知識庫摸索，再針對不足之處蒐集資料。不要一開始就依賴外部資訊，而是先在不參考任何素材的情況下，盡可能的揮灑創意，讓思緒自由奔馳，直到腦中的想法完全枯竭。

接著，將思緒清空，讓自己處於飢餓的狀態，並如同海綿般，準備好吸收新的資訊和靈感。如此一來，就能提高吸收的能力和輸入的品質。

此外，能否在反覆執行的工作中持續探索和創新也很重要。例如，如果要定期發表部落格文章，可以參考同業案例或讀者回饋，或是加入圖片和影片等元素，不斷為「發表部落格文章」這個行動，注入新的活水泉源。

不要只是單純的重複，而是抱持分享新發現的心態，才能避免流於形式，令人耳目一新。

2 有靈感馬上記下來

在創意產業中，提早開始工作往往能帶來意想不到的收穫。**一旦開始著手某件事情，在剩下的時間裡，它就會停留在你的腦海中，如同啟動了創意的開關，更容易激發靈感**。

例如，構思企劃或想法時，如果能立刻吸收資訊（蒐集資料、調查競爭對手的企劃等），並進行初步的產出（在筆記本上記下重點、繪製草圖等），即使進度只有一點點，也能帶來心理上的安全感，感覺好像已經完成很多。

急性子比較容易焦慮，因此，提早減輕焦慮感，就能放輕鬆的發想更多創意。

這種提早開始的策略，也能應用在團隊合作中。例如，團隊要設計新商標，流程如下：

1. 與團隊成員分享客戶的需求。
2. 召開創意會議。
3. 設計。

如果步驟一和步驟二間隔數天，就會出現空閒時間，非常浪費。因此，可以在步驟一時就先埋下步驟二的種子。

以郊區新開幕的蘋果汁專賣店商標設計案為例。此時，除了討論客戶需求外，也可以同時和其他成員閒聊，例如：「那個郊區是什麼樣的地方？」、「蘋果汁是什麼味道？」、「老闆是什麼樣的人？」等。

如果有任何新資訊或想法，可以記錄在筆記本上並當場分享。透過簡單的意見交換，就能在步驟二開始前，讓會議成員的腦力維持運轉狀態。

由於每位成員都在步驟一和步驟二之間持續思考，大腦持續受到刺激，在下個階段時就能產出更多創意。我的公司實際採用這個方法，效果十分顯著。

3 當場處理，而非回家想想

在會議或討論中，如果能在當下回答問題，或是立即提出解決方案（即使只是初步的想法），就能避免議而不決，有效提升討論效率。

對於行動力強的急性子來說，「當場處理」比「帶回去再說」更能發揮成效。

我在拜訪客戶時，除了用文字記錄談話內容，也會當下畫出草圖或架構圖，以利對方理解我的想法，促進雙方溝通。

實際上，如果能在討論過程中，一邊畫圖，一邊說明「我的想法大概是這樣……」，就能有效吸引大家的注意力，讓圖像成為討論的焦點（畫得粗略也沒關係）。無論對方是否肯定，都能以此為基礎集思廣益，找出下一步行動的方向。

如果未能立即討論，而是帶回去思考，那麼每次確認「是這樣嗎？」的時候，都需要透過電子郵件往返或再次開會溝通。若未能順利傳達，導致方向產生偏差時，還得花費更多精力修正。

當場與對方分享想法，效率會高很多。

此外，即使是電話或線上會議，我也會盡可能給予一些回饋。重點不是要找出唯一的正確答案或強行做出結論，而是掌握大致方向、讓工作快速起步。

當客戶的想法模糊或有困惑時，如果眼前有具體的圖像或草圖，往往能激發客戶（以及我）的靈感，促進雙方更深入的思考和交流。比起帶回去慢慢思考，更能感受到事情正在往前推進。

4 觀察客戶的第一反應

工作中，經常需要仔細審視提案內容，並提供回饋和意見。在設計領域，我們會檢視設計師提出的方案，尤其是第一次看到設計稿時，但為了盡可能貼近客戶或使用者的視角，我會刻意避免花時間斟酌、推敲。

因為，**客戶實際上大都是憑藉第一印象來判斷好壞，並不會仔細觀察**。例如，有數據顯示，大多數電商網站的使用者在比較商品時，都只是快速瀏覽過商品。因此，如果對方是急性子，我們也應該以更迅速的方式回應。

一般來說，在收到提案後，應該仔細、逐一審視，但我認為這件事可以之後再做。更重要的是，坦率表達自己看到設計稿的第一印象，例如「很可愛」、「顏色很漂亮」，或是感到驚訝、笑了出來、皺起眉頭等，這些反應更接近客戶或使用者的感受。

我會拋開「我必須仔細觀察」的思維，憑直覺做出反應。

這不僅限於設計領域。例如，對文件的第一印象（文字太多很難閱讀、重點不明確），或是對方看到企劃案時的反應（似乎不太感興趣、對產品樣品很有興趣）等，這些瞬間的反應都包含著重要的訊息，不能忽略。

我認為，這是有意識的採取急性子行動，因為必須刻意為之才能做到。

5 同時進行多項專案

性急的人同時執行多項任務或專案，往往可以引發驚人的化學反應。由於急性子擅長多工處理，因此同時處理多項工作反而能激發創造力。在不同的項目間，想法可以互相激盪、產生新的創意。

我自己也總是同時執行多個專案。

我不是完成A工作後才開始進行B，而是將A和B安排在同一天，分段進行。

透過刻意讓兩項工作同時在腦中運作，就能更容易產生「在B工作試試看A的方法」、「這個東西A有，B卻沒有」等想法，進而提升兩者的品質。

而**同時進行的多項工作，不一定要有相似的性質**。

例如，當我同時發想一個較嚴肅和一個充滿趣味的企劃案時，我在嚴肅的專案中加入了遊戲的元素，結果客戶對這個點子很滿意。

有意識的將自己置於這種情境中，有時能創造出超乎預期的成果。而且，這些成功的經驗會轉化為你的能力，並在未來發揮作用。

6 隨時整理過去的成果

將你過去的工作成果、發言、調查等任何有形的產出，整理成可重複利用的形式，有助於提升未來的工作效率。

難得的成功經驗如果想不起來：「咦，我當初是怎麼做的……？」就像需要的東西不在預期的地方，必須到處尋找而浪費時間一樣。對急性子來說，這很痛苦。

有時，我會在X上分享我的經驗和心得。為了日後能將這些內容整理成部落格文章，我會用表格將它們分類。因為，如果每次寫文章時都要重新搜尋過去的貼文，會花費太多時間。

將貼文分類整理後，日後只要在表格中搜尋經營、想法、研討會等關鍵字，就能輕鬆找到相關內容。我可以回顧這些內容，整理和重新建構我的想法，也能藉此發現是否有前後矛盾的地方。如此一來，就能進一步發展出新點子，或是找到新的寫作題材。

將過去的成果整理為隨時可取用的形式，就能大幅縮短寫作時間，並多次利用。這麼做自然就能提升產出的數量，接觸到更多讀者，進而認識和自己有共鳴的人。這些好處最終都會回饋到自己身上。

本書中提到的很多內容，都是來自於我事先整理好的表格。

將每次的產出整理起來，就能把想法儲存下來，避免遺忘。因為累積了這些資料，我才能擁有豐富的「個人語錄」。

這個表格中幾乎包含了我所有的日常工作內容，我可以隨時查看自己的個人語錄。當我想向團隊成員傳達想法時，就會從中尋找靈感。

因此，我建議**將產出成果轉化為可重複利用的能量**，如此一來便能提升工作效率並重現成果。

▲ 將X貼文依類別整理的試算表。本書許多內容都是從這些累積的文字中挑選出來的。

7 十分鐘內寫出十個小創意

當被要求構思企劃或發想創意時，客戶或上級通常會給予一定期限。然而，對急性子的人來說，擁有充裕的時間不一定有利，反而可能因此過度思考而鑽牛角尖，增加壓力。

在這種情況下，建議試試看「**在十分鐘內，隨便寫出十個以上想法**」的方法。

如果目標是在幾天後想出一個很棒的創意，你可能會從一開始就追求成果，期待能靈光乍現，但這就像水中撈月一樣不切實際。相反的，如果目標是在十分鐘內想出十個點子，就會將注意力集中於時間限制與數量，周遭的一切都會成為靈感的來源。

例如，假設要為一個商業設施命名。顏色是灰色、形狀是方形、有很多綠色植物、有三層樓、樸素、令人興奮等，任何微不足道的事情都可以是小創意。談到創意時，我們很容易只透過企劃的名稱做聯想，但其實只要**將眼前的事物或腦中浮現的詞彙寫下來就可以了**。

在短時間內集中精神，就能活化急性子的大腦，累積許多微小的想法後，說不定就能碰撞出意想不到的火花，誕生出更好的創意。

第6章

遇到這些時候，你該那樣踩煞車

如果說前面幾章介紹的工作技巧，是如何發揮急性子優勢的「油門加速法」，那麼本章將介紹的是如何避免急性子暴衝的「煞車控制法」。

踩煞車可以創造緩衝空間，更容易與他人建立信賴關係，也能提升成果品質。請務必掌握這個新武器。

1 一味追求速度的陷阱

急性子擅長快速推動工作，但如果只滿足於完成眼前的工作，那就太可惜了。我剛入行時，可以比其他人更快完成許多短期的設計案。當時，同事和業務員都稱讚我的工作速度很快，幫了他們大忙，下次還要再麻煩我，讓我感到很高興。但是，有一次我和上級一起去拜訪客戶，卻發現了一個殘酷的事實。

在長達兩個小時的會議中，上級和客戶都在談論業務和服務，我完全沒有機會插入任何關於工作速度的話題，甚至連進入討論的空隙都沒有。我當時關心客戶的成功嗎？是否提供超越期待的價值？答案是否定的。

我發現自己只顧著眼前的工作，完全忽略了身邊的人、客戶，以及使用者。**周遭的人稱讚我工作速度快，其實只是肯定我的「手段」而已**。

從那次經驗之後，我改變了想法。我不再一味追求速度，而是以客戶的需求為優先，即使需要花更多時間也無妨。我不再只是快速完成上級交代的任務，而是開始思考客戶需要什麼，以及我應該如何回應他們。

我尤其重視引導對方做出反應。具體來說，就是讓對方說出「這對我很有幫助」、「我學到很多」、「我試試看」等感想。為此，**重點不是傳達，而是讓對方理解**。

急性子在溝通時，容易以自我為中心，變得一廂情願。但是，**溝通的本質是雙方互相理解**。要確認自己想傳達的事情，對方是否清楚明白。雖然傳達的人是我，但理解的主體是對方。

唯有讓對方意會，溝通才能成立。因此，溝通的主角永遠是對方。

無論是透過電子郵件、會議或提案書，都要觀察對方是否有先前提到的「好的反應」，這才代表你說的事情，對方已經理解了。

客戶或上級、前輩都會觀察你是否盡全力完成他們交付的工作。如果你能交出超出預期的成果，他們下次就會指派更重要的任務給你。然而，即使你的速度很快，卻總是只達到及格標準，或是草草了事、缺乏熱忱，下次還是只能接到同樣的工作。

不要只著眼於快速完成眼前的任務，而是隨時考慮對方的需求和最終成果。為此，必須在工作時思考是否被對方理解，而非只是傳達訊息。

將這種想法與急性子與生俱來

的速度感結合起來，就能成為工作速度快且值得信賴的人。

請務必重新檢視，你的急性子是否真的幫助你獲得成就。

2 一開始先完成七成

快速展開工作是急性子最擅長的事情之一，但缺點是容易陷入「只要完成就好」的心態，重視完成度更勝於品質。如果只是一味往前衝，一心只想著直奔終點，就很容易掉入最終成果品質低落的陷阱。

如果好不容易提前完成工作，卻因為錯誤百出或遺漏許多細節，而被批評做得快也沒有用，那就太可惜了。

我平常會注意，**在掌握整體流程、重要問題和建立大致架構後，就會告訴自己：「我已經做完七成進度了！」**

就像進食後需要大約二十分鐘的時間，大腦下視丘的飽食中樞才會接收到胃部傳送已吃飽的訊息，並下達停止進食的命令，因此，狼吞虎嚥容易吃太飽或吃過量的食物。

舉例來說，如果是製作簡報資料，我會先快速規畫整體架構；如果是構思階段，我會先從現有資料中，挑選出感興趣的關鍵字。

即使實際上只進行了一小部分，也要告訴自己已經做完七成了，然後暫時休息。七成只是我個人的設定，如果你覺得一成或三成就能安心，當然也可以。

急性子總是擔心進度是否順利。因此，只要能提早獲得安全感，就能控制焦躁的情緒。

只要結合「在這個時間點，先稍微推進一點」和「既然已經做到這裡，接下來就用剩下的時間慢慢處理」這兩個策略，就能避免遺漏需要修正或補充的資訊，提升整體的完成度。

3 立即回覆不見得是最好的方法

如同第三章的所說，急性子只要收到對方的訊息，就會想盡快回覆。然而，立即回覆不一定總是最好的做法。

如果是透過電子郵件處理行政事務，盡快回覆自然會讓對方感到開心；相反的，如果是需要仔細思考的事情，太快回覆可能會讓對方覺得，你只是套用了回覆訊息的模板、沒有認真思考。即使你在短時間得到很好的點子，卻讓對方產生這樣的誤解，那就太可惜了。這種情況下，建議先保留該想法，等到期限前再回覆。

以下是幾個適合優先回應的狀況：

- 客戶或使用者的提問。
- 問題處理。
- 重要郵件。
- 行政作業等需要其他人接續處理的情況。
- 專案進度報告。
- 初次接觸、詢問。
- 確認時程或預約。

以下情況則建議稍微忍耐，不要馬上回覆（避免造成誤會或讓對方反感）：

- 企劃或想法的提案。
- 複雜的報價。
- 需要準確和可靠的調查、情報。

重點是不要只看任務本身，而是要觀察、體諒，並讓對方感到滿意。學會根據狀況調整答覆的時機，就能從回覆速度快的人，變成速度快又準確的人，進一步提升對方對你的信任。

4 不要光衝，停下來觀察

想要看清別人，觀察是必不可少的條件。然而，一味埋頭往前衝，容易忽略周遭事物，而缺乏對日常的觀察力。如此一來，就只能流於表面的「看」，無法深入了解。

即使看似認真工作，但如果只是機械式的完成任務，沒有掌握事情的本質，那就不是工作，而是作業。舉例來說：

- 只盯著數字，沒有看到利潤（或成本）。

- 忙著準備，沒有注意到客戶的表情。
- 只在意會議順利進行，沒有觀察對方的反應。
- 一心一意只顧著準時抵達，沒有留意周遭的景色。

這些都是自我中心的行為，沒有顧慮到對方，也沒有注意周遭環境。相反的，如果能學會觀察，就能做到：

- 觀察數字，以計算利潤（例如：與去年的數字比較）。
- 觀察客戶表情，並根據對方狀況因應（例如：主動關心遇到困難的客戶）。
- 觀察對方的反應、隨機應變，並主導討論（例如：詢問對方是否有疑問）。
- 觀察周遭環境，掌握趨勢（例如：注意有哪些廣告）。

觀察指的是有意識的看。培養此能力，才能掌握全局和預測未來。因此，必須從「看」切換為「觀察」模式。

一開始，只要意識到自己有在觀察即可。就像是在向前走的姿勢中，加入一點橫向步伐。

順帶一提，我剛入行時，前輩教我一個方法：設定觀察的主題，例如今天只觀察藍色的招牌。如果還不習慣有意識的觀察，建議可以試試看這個方法。

將透過觀察獲得的新觀點和發現應用到工作中，就能讓別人覺得你不只是聽命行事。例如：發現常客的穿著打扮改變了↓調查一下新的流行趨勢，開發新產品。

如此一來就能擺脫機械式的作業模式，展現人性化的一面，讓工作更有溫度。

5 接受初期的低效率

我的理解速度比較慢，不擅長將點與點連接成線的思考方式。

由於急躁的個性，急性子往往一開始就忽略努力理解的過程，等到發現事情的前後脈絡不連貫時，又因此感到焦躁，最終反而花了更多時間處理，甚至放棄。

這種摸索的過程對急性子來說，可能是最令人煩躁的。

我在接手公司（也就是接任 Design Studio L 執行董事）時，最令我頭痛的是會計和人事管理。

由於這兩件事對我來說是完全陌生的領域，所以很多事情我都不明白。我會不斷冒出「這是什麼意思？」、「為什麼會這樣（為什麼不會這樣）？」等疑問，如果找不到答案，就會感到沮喪，時間也這樣白白流逝。

我對自己低效率和浪費時間的問題感到不滿，於是我改變思考方式，決定**先讓身體記住這些工作，即使不懂其中的道理，也按照手冊的指示，像機器一樣操作**。

一旦身體記住這個模式，就能逐漸了解其中的因果關係。或許是因為變得比較得心應手，所以才能以更宏觀的角度看待事情。雖然花了一些時間，但透過實際操作，我終於將「點」連成了「線」。

一旦連成線，就能看出哪些是多餘的步驟，進而思考如何簡化流程。

例如，原本是按照順序執行A、B、C三個步驟，但我現在可以意識到，將步驟A和C合併執行的效率更高，並改善、簡化流程。

對於性急又怕麻煩的我來說，正好是我的強項。一旦進入簡化模式，就能快速彌補之前落後的進度。

如何熬過順利步上軌道前的最初階段，正是急性子成敗的關鍵。

6 急性子的多重宇宙

快速著手和有效率的行動是兩回事。為了避免每天被大量的工作壓得喘不過氣、疲於奔命，只是漫無計畫、只求快速的處理眼前事物並不是好辦法。我自己也曾多次陷入不知從何開始的窘境。這時，關鍵就在掌控「多重時間軸」。

專案、任務、經營；自己、團隊成員、客戶；長期、中期、短期。在執行工作的過程中，其實有許多不同的時間軸。若能適當的分類、管理，並制定相應的計畫，就能減少浪費和重複作業，安心發揮急性子的行動力。

以下我將介紹一些我在日常生活中，使用的各種時間軸類型和工具：

1. 使用試算表掌控中期專案

製作一個以日期為橫軸、專案為縱軸，涵蓋半年左右的行事曆，並根據負責成員，以不同顏色標記每個人在各專案參與的時間。雖然這個方法較粗略、籠統，但足以掌握工作量和人員空檔。

由於所有成員都能共享此表，易於了解彼此的工作狀況，因此有助於專案的人力分配。

- 易於調整專案的重疊情況。
- 可兼顧成員的行程安排，避免過度負荷。
- 可根據成員擅長的技能調整工作內容。
- 可預知新專案大約從何時可以開始著手。

2. 使用 Backlog 管理各專案的進度

使用管理工具 Backlog 針對每個專案建立時間軸，將工作細分並以甘特圖

（Gantt chart，按：一種用來顯示專案進度，以時間為橫軸的條狀圖）進行管理。

此外，由於 Backlog 可以連結 Slack 等即時通訊工具，因此，若在通訊軟體中建立與專案名稱相同的討論串，在 Backlog 更新的進度就會同步顯示在通訊軟體上。

- 可共享任務進度，防止遺漏。
- 可促進成員之間的溝通。
- 可在掌握全局後再開始作業。
- 可隨時確認目前和接下來應做的工作。

3. 使用 Google 日曆安排成員行程

我會每天確認團隊各成員的行程表。由於所有人的行程一目瞭然，可以掌握會議、外出、休假等安排。

- 可與所有成員共享行程表。

- 可在日曆中加入 Zoom 等線上會議連結。
- 可設定「縮短開會時間」，避免會議時間過長。

4. 使用試算表安排日常業務流程

可以透過試算表將每月例行性業務，如會計和人事等，製作成手冊。將會計軟體中輸入的發票、稅金、應付帳款和未付帳款的彙總，和匯款紀錄、薪資計算等列成清單，以便完整的執行所有流程。

- 可與外部負責人（如會計師、社會保險勞務士〔按：代理解決勞動關係糾紛、接受企業勞務管理諮詢的職業〕等）共享。
- 即使不具備專業知識，也能完整執行所有任務。

5. 使用試算表確認營業額

製作一個以十二個月為橫軸、客戶為縱軸的表格，管理每月營業額。在表格中輸入製品和預收款項等資訊，以便分別呈現請款金額和銷售額。通常我會搭配決算行事曆一起查看。

- 預先輸入經常性收入，可帶來心理上的安全感。
- 易於回溯查詢過去的數據。
- 可掌握當期銷售額。

掌控多重時間軸，就是從過去、現在、未來多個視角掌握情況。不要只被眼前的工作所迷惑，還要預測未來的趨勢和風險，從而重新審視人才戰略、及早研擬資金籌措方案，或是在淡季時積極拓展業務等，培養採取適當行動的能力。

7 把每樣工作數據化

在我的公司，我們是使用時間管理工具 TimeCrowd 來記錄每個專案、每個任務花費了多少時間。

TimeCrowd 有助於提高估價的準確性、提升工作效率、培育人才和勞務管理，成為實現「創造舒適的工作環境」這一目標不可或缺的工具。

TimeCrowd 具有匯出統計資料的功能，我們可以每月下載軟體中的數據，並將其反映在財務報表中，也可以在面談時參考每位成員的工時和績效，共同討論如何更好的分配工作。

即使沒有這樣的工具，你也可以用試算表進行時間管理。只要打開表格，將專案名稱寫在縱軸，每天的工作時間則列為橫軸，就能輕鬆彙總、管理個人時間。

對急性子來說，我認為在有限的時間內訂定明確的目標，並最大限度的利用資源非常重要。為了取得成果，必須找到運用時間的最佳方式。

為此應該做什麼？不應該做什麼？自己在哪些方面花費了多少時間？建議**有意識的以客觀數字來判斷**。

實際上，開始記錄工作歷程並觀察統計數據後，你會發現一些事實：「我把大部分時間花在不該由自己做的工作上。」、「我沒能按照預期的行程做我想做的事。」或是「因為我只花了預定時間的一半就完成了任務，所以利潤增加了。」

即使是資深的上班族，也可能還有很多過去未曾注意到的問題。而多虧時間記錄工具，我們才能決定是否該減少某項工作的負擔，以完成其他必須完成的職務。

急性子的人在規畫工作進度時，很容易只專注在每個工作、每天等短暫的時間，但透過數據化和圖表化，我們就能不時的以客觀角度看待整體情況。也許你會從中發現自己尚未意識到，且更有效率的時間運用方式。

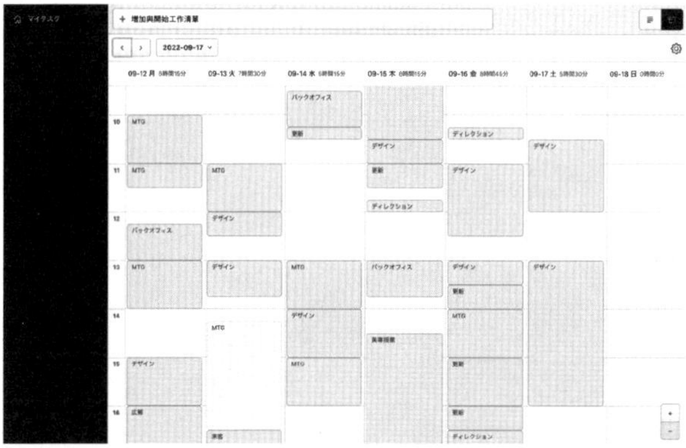

	10月	11月	12月	1月	2月	3月	4月	5月	6月	7月	8月	9月	合計（小時）	占比（%）
設計	64	38	40	38	49	25	60	64	45	63	51	37	574	30.8%
企劃指導	37	41	50	41	20	30	35	25	55	30	35	63	462	24.8%
會議	41	25	21	25	46	49	40	39	40	44	22	32	424	22.7%
更新作業	12	12	10	11	6	18	10	19	13	5	8	19	143	7.7%
後臺作業	13	20	10	16	7	8	10	4	10	13	5	5	121	6.5%
業務	7	13	6	4	5	4	11	8	3	3	3	3	70	3.8%
採訪、攝影	0	0	0	0	0	4	10	15	6	0	22	0	57	3.1%
訪客應對	0	2	1	0	0	0	1	2	1	3	2	2	14	0.8%
全月合計（小時）	174	151	138	135	133	138	177	176	173	161	148	161	1865	

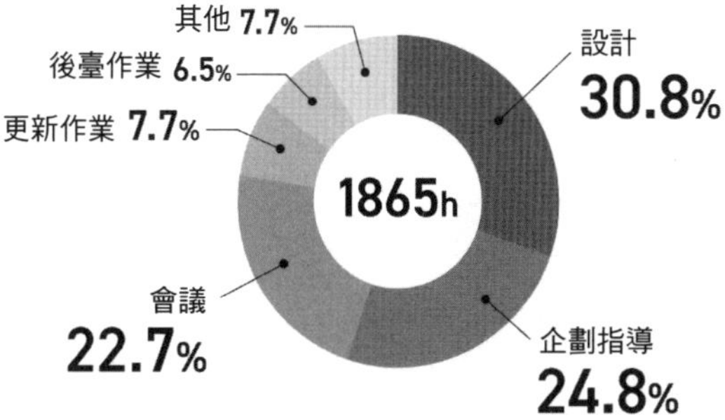

▲ 使用時間管理工具TimeCrowd記錄每天的工作（上圖）。匯出TimeCrowd的數據，並按月統計每個任務所花費的時間（中圖）。將數據圖表化，可以清楚得知哪一項工作花了多少時間（下圖）。（占比採四捨五入進位，故合計大於100%。）

8 創造時間

人們常說能者多勞、越忙的人越能迅速處理事情，這是因為工作能力強、能順利完成任務的人，往往會被委託更多的工作。**他們不是在「使用（消費）」時間，而是在「創造（生產）」時間。**

我認為，正因為是急性子，才更應該意識到創造時間的重要性。因為如此，才能確保性急的人有足夠的時間，來進行他們擅長的成果輸出。

創造時間是我個人非常重視的一個觀念。前一章提到，我曾經連續十年每月寫三十篇部落格文章，這並不是被任何人強迫，而是我自己設定的規則和標準。當然，有些時候工作繁忙，完全沒時間寫作，但即使如此，還是有辦法達成每月三十篇的目標。

第一點是態度。無論工作多麼忙碌，我都會在能力範圍內，時刻留意如何創造時間寫部落格。有了明確的意識，就能讓大腦隨時處於尋找靈感的狀態，不容錯過任何一個想法。這麼一來，就能利用空閒時間累積寫作素材。

第二點是方法。每月三十篇不等於每天都要寫，而是以總共三十篇為目標，所以，如果某天能寫兩、三篇，我會一次性的發布。此外，我也不拘泥於文章的篇幅。你只需要想：寫作本身就令人驚奇！我會為此想出一個方便的策略，並試圖樂在其中。

這樣的思考和行動模式，就是創造時間的基礎。**成為基礎，就代表成為習慣**。一旦養成創造時間的習慣，就能在需要的時候確保輸出時間。

9 打破原有的成功模式

第四章曾提到製作範本。製作範本（模型）可以將自己的行動模式化，從而有效率的工作。然而，在創意工作方面仍有一些需要注意的事項。

舉例來說，在構思企劃時，有時會依賴已知的成功模式發想創意。也許再多思考一下就能想出更好的點子，卻因為套用過去的方法也能做出像樣的成果，就感到滿足，而無法採取更進一步的行動。

經驗尚淺的時候，這確實是個好方法。只要以急性子偏愛速戰速決的模式來應對，就能在反覆練習的過程中累積許多成功經驗。在推動下一個專案時依靠過往經驗，即使不思考也能做出及格水準的作品。

但是，這麼做無法得到超越過去的成果。不僅阻礙自身成長，也可能讓客戶覺得老套。而這正是陷阱所在。

如果**總是依賴成功模式，每次的成果將會千篇一律**。想要打破這種循環，就必須打破急性子行動模式。

在構思或發想時，急性子就算不設定時間限制，也能立即著手。然而，這種情況下會讓人滿足於最初幾分鐘想到看似可行的創意，而無法有更進一步的想法。

因此，我會刻意設定一個明確的時間範圍，例如：接下來的一個小時，我要專心思考這個企劃。

這是利用急性子一旦獲得成果，就會立刻轉往下一個目標的個性，反其道而行、**刻意拖延時間**的方法。如果能在設定的時限內轉換心態、仔細思考，也許就能找到自己未曾擁有過的想法。

從急性子的角度來看，集中火力速戰速決是一種習慣。相反的，刻意拖延時間，則是打破急性子模式的一種方法。

10 先動腦，不要馬上上網搜尋

另一個打破急性子模式的例子：上網搜尋。

當急性子需要新創意或新知識時，往往會立刻嘗試搜尋與蒐集資訊。快速蒐集大量資訊能加快自己的工作進度，將資訊分享給團隊也能獲得同事的感謝和讚賞。

當然，具備這樣的能力有其必要性，但某種程度上來說，也等於依賴網路上別人的想法。此外，花太多時間搜尋會讓大腦感到疲憊，甚至使思考的精力枯竭。

我自己也時常反省這一點。

因此，在蒐集想法時，**我會先把腦中想到的創意與自身的特色連結**，然後將搜尋、調查作為補充步驟。

假設要策劃一個市民參與型的活動，像是使用當地蔬菜的料理教室、沿河舉辦的城鎮對抗接力賽等，首先盡可能的列出自己想到的點子。

接下來，調查其他城市、地區的活動案例。因為已經有了初步的想法，所以更容易與其他案例做比較，也能從過去的活動中汲取靈感，將自己的創意升級。

如果只是單純想獲取知識，直接上網搜尋就可以了，但如果是為了創意而尋找靈感，建議試著先思考自己能想到的內容，讓你的創意更加出色。

11 用一句話概括蒐集到的資訊

急性子在蒐集資訊時，容易犯下這樣的錯誤：沒有仔細審視蒐集到的資訊，導致資訊變得雜亂無章。在尚未整理好思緒的情況下，急於求成反而可能走向錯誤的方向。

這時，「**用一句話概括蒐集到的資訊**」就是個有效的方法。

我的公司在制定企劃時，聽完客戶的優勢、想傳達的事情和實現的目標等後，我們會問：「你會如何用一句話總結？」並逐步精煉用詞。

一旦將具體的事情抽象化，這個詞彙就會成為一個重要的支柱，明確指出所有

人應該前進的方向。或許有人認為具體化比抽象化更重要，但這裡可以嘗試用一句話概括，來縮小重點。

先廣泛蒐集資訊，然後在去蕪存菁、聚焦的過程中，會增加產生新想法的可能性。此外，將不重要的部分捨棄，只專注於關鍵，可以避免注意力分散而偏離軌道。只要目標明確，成果的品質也會提升。

雖然我完全可以體會想要趕進度的想法，但這個步驟務必謹慎且不急躁的進行。不要一味追求速度，而是把重點放在掌握和調整節奏。我自己也是這麼做的，目標是盡可能做到完美。

如果目標不明確，就是處於一種不完美的狀態。

如果提交品質低劣的成果，不斷收到修改要求，那麼原本快速完成工作的優勢就會消失殆盡，甚至會造成損失。

12 不只抄筆記，還要超筆記

企劃和創意，若能擱置一晚使其經過沉澱、醞釀，就能加入新的想法、重新審視或進行新的調查，加深洞察力。然而，急性子的人不擅長「擱置」，所以容易直接採用最初的想法。

日本作家外山滋比古在《思考整理學》中，提倡將記錄在筆記本上的靈感，另外抄寫到其他筆記本上的「超筆記」法（按：將資訊深度整理、歸納、反思，並與其他知識連結。常見的方法和技巧如：標註關鍵字、概念圖、重組或回顧）。

原先記錄下來的點子或許有些早已不合時宜，有些則經過時間洗禮反而越來越有趣。不要將這些想法全部囤著，應該把可能執行的點子用在其他適當的地方。

脫離原本的脈絡，就能創造新的前因後果和情境，而當脈絡改變，意義也會隨之改變。將這些想法轉移到新的地方，原本的點子就能變得更加活躍、更有潛力。

只要反覆執行同樣的事情，就能大致掌握創意需要多久才會發酵，並做好心理準備。

「暫時遺忘」和「擱置」，都能讓想法在沉澱期間增長或消失，而留下的重要部分則會發酵，自然浮現新的見解。總結如下：

- 僅有材料是不夠的。
- 需要加入想法（酵素）。
- 為了讓想法發酵，沉澱、暫時遺忘很重要。

我在第五章第六節提到，將X貼文轉貼到試算表，也是超筆記的實踐。具體做法如下：

1. 在X發文。
2. 將貼文複製到試算表（按類型分類）。
3. 暫時不去想它（讓思考增長或消失）。
4. 重新閱讀並蒐集有價值的內容，決定標題後彙整成部落格文章（轉移）。

最初，我只是為了回顧我的X貼文而這麼做。然而，重新閱讀後發現，文章與文章之間產生連結，形成新的脈絡，並意識到「原來這個想法，現在已經變成這樣了啊—」。

稍微修改表達方式，或是將類似的文章彙整，就能賦予其新的資訊價值。**現在被淹沒在大量庫存裡的題材，將來也可能因為某些原因變成有潛力的內容，因此，過去的產出都是資產**。我非常重視這個實踐方式。

在構思和發想時，我也會運用超筆記的概念。

首先，利用急性子的個性，將想到的創意條列式記錄下來。接著，經過一定程度的整理後，不要立刻採取下一步行動，而是要忍耐、擱置幾天。

擱置期間，這個創意會一直存在於腦海角落，此時若浮現新的想法，就直接加入條列式清單裡。經過一段時間的醞釀後重新審視，並提取在意的部分（轉移）。如此一來就會發現，在沉澱期間，有些想法會增長，有些則會消失。**最後留下的，就是自己精挑細選、最重要的東西**。

對急性子來說，擱置一件事很困難，但請務必嘗試這個方法，幫助你的構想趨於成熟。

由於急性子開始得早，所以也擁有較長的時間可以醞釀，從而實現更良好的發酵成果。

13 保留以前的檔案

急性子往往在工作完成後，就當作一切結束了，並忽略自己的努力，如此一來，就只會留下做得快的形象，而遺忘工作的過程。

隨著工作經驗的累積，應該能感覺到自己比以前更得心應手。這是因為自己在工作中掌握了原理和基本原則，培養了客觀思考的能力，拓展了視野和應對方法，並從他人的肯定中逐漸建立自信。

這種感覺不僅存在於以年、月為單位的長時間裡，在單一工作中也能體會到。透過反覆思考和驗證、逐步完善並回顧的過程，就能更有效的組織自己的行動。

最簡單的方法就是**保留完整過程**。

例如提案書或企劃書。保留完成前的修改過程（不要刪除中途的想法，每個版本都保留下來），就能透過回顧這些變化，重新體會「原來這裡才是重點！」

即使成功了，如果不理解其中關鍵，也會覺得成功只是碰巧，難以複製經驗。

透過事後客觀回顧，你能體會到成就並非湊巧，而是自己創造的結果。

請務必感受自己在過程中創造的事物。這不僅適用於成功經驗，失敗經驗也能以同樣的方式思考。

第7章

》匆匆忙忙變成從從容容

到目前為止，我們用了許多篇幅來探討如何利用急性子的特質。

不過，總是匆匆忙忙，難免會感到疲憊吧？你是否喜歡在急忙行動並完成一件事情後，享受隨之而來的成就感和輕鬆時光。其實，有一天我突然意識到，也許自己正是為了追求那樣的餘裕而如此匆忙。

在最後一章，我將整理出有意識創造餘裕的方法。

1 刻意留白

身為一名設計師，我在設計中最重視的一個元素就是「留白」。

留白並非單純指什麼都沒有的地方，而是刻意留下有意義的空間。正是因為有了空白，才能感受到設計背後的餘韻，並產生良好的緊張感。

日曆上的空格、空閒的時間……一旦看到空白就會有一股想填補它的衝動，但有時候我們必須刻意留白。急性子可能不太具備這種思維。

性急的人往往會將注意力放在空著的部分，不自覺的想要填滿它。然而，沒有空間就意味著你無法吸收新事物。

更好的創意、對未來的思考，大都是在有餘裕的情況下產生的。

既然憑藉著急性子的特質，能順利的提前完成工作，那麼偶爾踩個煞車停下來也無妨。

儘管這看似停滯不前，但刻意創造空間，並利用空閒時間規畫未來、思考創意，**這就像是投資未來的自己**，確實的向前邁進。

當你急急忙忙的行動、從一大早就火力全開、行程快要滿檔時，請有意識的踩煞車，為自己留白。

空出一大段時間放鬆、嘗試短暫休息、決定不加班、決定不在假日工作，只要能做到其中任何一件事，你就能擁有餘裕。

2 每天第一件事，上傳照片到社群平臺

對奉行勇往直前的急性子來說，上班前的早晨時間可說是他們最應重視的時段。從早晨就開始活動，能讓行動快速起步、順利展開工作。不過，我認為晨間活動的內容，不一定要與工作相關。

首先要確保自己有足夠的時間，以便在開始工作的瞬間集中精神、全力衝刺。因此，早上可以做一些有助於自我成長和放鬆的活動，如個人興趣、閱讀、慢跑、冥想等。在工作前進行這些活動，可以使身心煥然一新，並轉化為創造力。

急性子的人早上起床後，往往會想立刻開始工作，但有意識的暫時放下工作，

反而能提高之後的專注力。

順帶一提，我每天早上的第一個行動是「在 Instagram 上傳照片」。我每天固定上傳兩張照片，第一張是在早上七點多。上傳自己喜歡的照片能帶來滿足感，讓我在愉悅的心情下開始工作。

第二張則是在下午六點多的下班時間，同樣也能在一天結束時帶來滿足感。

每天在工作的開始和結束時做自己喜歡的事情，就能自如的切換工作和私人時間，以保持平常心。

3 上班前，什麼都不要做

實際嘗試晨間活動時，我發現這段期間的大腦非常清醒，由於沒有任何干擾，所以能比想像中更有效的利用時間。

在這段寶貴的時間裡，我能完成一天計畫中的五成事情。

儘管如此，我並不會過度抱持著上班前一定要做某件事的責任感。簡單的上上網，或是什麼都不做也好，我都以輕鬆悠閒的態度度過。

能夠自由運用早晨的時光，讓我感到非常輕鬆自在。我認為動機的理想狀態，應該是維持而非提升，因此我將晨間活動視為**每天例行的「保持心理穩定時間」**，就能維持穩定的動力。

順帶一提，從起床到抵達辦公室的這一個小時左右，我會盡可能什麼都不做，例如不看電視、不想工作的事情。因為我認為，為了在辦公桌前展現良好的表現，最好不要消耗過多的精力。

4 做不完？明天再做

學會選擇「**明天再做**」。這是急性子創造餘裕的必要思維之一。

第四章曾提到製作待辦事項清單，同時我也推薦**製作「不要做清單」**。

例如，在記事本的待辦事項下方製作不做的事列表，將下午三點後接到的任務全部列出來，並決定不在今天做這些事。如此一來，就能有意識的創造一些空間。

剩下的工作，等到明天早上再以急性子的方式處理。

待辦事項清單可以幫助你整理手邊目前的工作、突然交辦的工作和零星的想法，但缺點是逐項列出後，容易感受到事情很多的壓力。如果注意力集中在處理任務上，就會被時間追趕，最後想到「今天做不完……」，壓力只會不斷累積。

急性子經常陷入無法把工作交給別人的困境，正是因為必須趕快完成的心態導致。**如果能以不做為前提，冷靜的審視，其實就能意識到有些事情不做也沒關係，或是可以交給別人處理**。

將目光轉向「有些事不需要做」，就能安心的將工作委託給別人，專心處理現在真正需要做的工作。這樣的觀點可以幫助我們提高效率。

建立「不要做清單」是一種可以有效踩煞車、創造餘裕的好方法。

5 安打數比打擊率更重要

每當工作進展不順利時，我會提醒自己注意「分解」和「加法」這兩個概念。不要全盤否定自己的工作方式，而是將其分解得更細微，找出其中成功的部分，並努力增加它們的數量。

舉例來說，如果公司的提案沒有被客戶選上，**與其認為提案失敗了，不如去探究哪些部分好、哪些部分不足（分解）**。如果自己不清楚或是有疑惑，就直接詢問客戶。

得到的結論**無論是優點或缺點，都視為下一次的參考（加法）**。一步一步克服，累積經驗才是通往成功的捷徑，這條捷徑不必是一條直線。成功或失敗並非二選一，而是一體兩面。

加法思維的好處，在於能保持「現在就是最好狀態」的心態。急性子可能會覺得失敗是浪費時間，但換個角度想：知道失敗的原因是好事、減少了一個錯誤選項就更接近答案，那就能當作進步了。

我認為，人生和工作中都需要學會「**三步進，兩步退**」。總是想要往前衝的急性子，可能會將後退的兩步視為負數，認為最終只前進了一步。這種想法只會讓人急於彌補失去的時間而焦躁不安。

但是，如果將後退的兩步加回去，不就等於前進了五步嗎？如果能認為自己正在前進，或許就能停下腳步、放慢速度。

我很喜歡日本棒球選手鈴木一朗「安打數比打擊率更重要」的理念。他說，如果在意打擊率，就會因為失敗率較高（按：鈴木一朗職棒生涯平均打擊率為〇．三二二）而害怕上場打擊。反而是「想增加安打數」這樣積極的想法，讓他對上場打擊充滿了「樂趣」。

安打數會不斷累積，不會減少。

雖然多上場打擊很重要，但如果能計算自己累積的成果，而不是只看失敗的次數，就能增添內心的餘裕，鈴木一朗讓我有了這樣的體悟。

6 將時間花在自己想做的事情上

性急的我開始意識到餘裕的重要性，是在我設計師職業生涯剛起步的時候。我的工作和私人生活都圍繞著網站製作，因此界線有點模糊，但我為客戶製作的企業網站（公共／必須做的事）和為自己製作的個人網站（私人／想做的事）是不同的。

當時，我花了很多時間在公共網站的建設上，但公共和私人之間互相影響的化學效應讓我感到很愉快，於是我開始思考，該如何分配更多時間製作私人網站。

為此，**我必須提高工作效率，自行創造更多時間，才能利用多出來的空閒時間**

做想做的事。

這樣的態度最終也回饋到我的工作中，成為我今日的根基。

致一直以來都匆匆忙忙工作的人：

十年、二十年後，你還會維持現狀嗎？

為了自己的人生，選擇最好的時間管理方式。

這就是我所謂的「急性子工作術」，也是獲得更多餘裕的關鍵。

雖然我提出了很多建議，但或許可以先從以下幾點開始：

- 設定關閉通知的時間。
- 不要反射性的反應和應對。
- 先深呼吸再思考。
- 有意識的休息。

• 不要在空閒時間安排工作。

身為一間公司的經營者，同時也是實際參與工作的執行者，我每天都有做不完的事情，也有很多想做的事情。但是，我最近開始希望能有更多時間投入工作以外的興趣。

以前，即使是週末，我也會到辦公室庸庸碌碌的工作，但我決定停止這麼做。這是一種有意識的踩煞車。嘗試之後，我發現其實很容易做到，而且即便**減速也不會影響到工作，反而能讓我更好的兼顧興趣，提升幸福感**。

致閱讀本書的急性子讀者：

請放心，身為急性子的你已經比其他人以更快的速度前進了。稍微休息一下也無妨。實際上，比起匆匆忙忙的行動，休息反而能為你創造更好的未來。

你的行動力是寶貴的資產。

如果你能從本書中學到如何利用「急性子的加速器」，再掌握「創造餘裕的煞車」，比只是一味向前衝刺，更能保持平常心，同時實現提高效率和提升品質兩個目標。

保持急躁的本色，維持自己的步調，讓我們一起向前邁進吧。

後記
用急性子工作法，我寫完這本書

當本書的出版企劃確定後，我和責任編輯討論了寫作進度，當時的結果是在兩週後提交一篇約一千字的初稿。性急的我在開完會後馬上就開始動筆，把之前曾在部落格等社群發表過的相關文章蒐集起來，第一天就寫了大約一萬字。

這相當於全部內容的百分之十五。

我將本書提到的「保持完成七成左右的感覺，剩下的時間將注意力放在尋找靈感」的原則，運用在寫作過程中。

我從二〇二三年十一月中旬開始寫，到二〇二四年一月底已大致完成（完成後，我和編輯針對內容進行詳細的討論和修改，並與裝幀設計師、插畫家多次開會討論書籍設計）。

在年末、年初的忙碌時期，要寫下大約七萬字的文章，雖然是艱鉅的任務，但我有信心即使在這種情況下也能不被時間追趕，積極的完成寫作。

我回顧了自己寫作本書時的心態和行動：

- 設定截稿日期為約兩個半月後（設定目標）。
- 計畫第一天寫一萬字，半個月寫兩萬字，一個半月完成一半以上……（設定階段性目標）。
- 先寫下想到的內容（先輸出再輸入）。
- 從過去的部落格和社群媒體貼文中提取素材（彙整輸出內容）。
- 像重複塗抹顏料一樣反覆修改（醞釀成熟）。
- 即使覺得內容可能不太好，也先寫下來，再請教他人意見（快速失敗）。
- 立即回覆編輯的意見（快速回應，不讓人等待）。
- 有想法就積極提出（提出建議）。
- 使用 Google 文件撰寫文章（使用共同編輯工具）。

- 盡可能在晨間活動時寫作（將寫作高峰安排在早上）。
- 利用移動、休息等零碎時間推進進度（活用零碎時間）。
- 需要整理思緒時，到咖啡廳工作（將周圍環境與自己隔絕，提高專注力）。
- 避免睡前寫作，因為會分泌腎上腺素（確保睡眠和良好睡眠品質）。
- 不犧牲興趣愛好的時間（即使在寫作期間，也要努力確保餘裕時間）。

這麼一回顧，我確實實踐了本書中提到的許多方法。多虧如此，即使再忙碌，我也完全沒有被截稿期限追趕的感覺，並且能兼顧工作和興趣，順利完成稿件。

我當初最注重的心態，是以快速的起步先完成一部分，但是我也發現，在完成「一部分」之前，反而是最讓我焦躁不安的。

不愧是急性子寫的書，果然很急性子。

本書自始至終想要傳達的，就是利用急性子的特點快速起步後，也要懂得適時踩煞車。

與其全力踩油門、向前衝刺，偶爾停下來看看四周，保留一些餘裕，更能充分發揮急性子的特性，並根據當下情況選擇效率最高、路徑最短的方式。

我很高興能在寫作本書的過程中，實際體會並驗證了這些想法。

我希望，各位讀者都能將書中的內容付諸實踐，並運用於工作中、發揮急性子的優點，在獲得餘裕的同時找到內心的平靜。

之所以有寫這本書的機會，是因為負責編輯的中野晴佳，發現我過去所寫的一篇三千字短文〈急性子工作術〉，並主動與我聯繫。

在寫作過程中，儘管我寫得很快，卻總是難以組織內容，多虧中野編輯不斷提供精闢的建議，我才能順利完成本書。我很享受在共同編輯文件時交流的過程，發自內心竭誠感謝！

▲這是最新名片上的插畫，我要求畫出抱著貓咪看手機的急性子形象。我很喜歡這種乍看之下不像急性子的感覺。

國家圖書館出版品預行編目（CIP）資料

急性子的不累工作法：回郵件超快、喜歡多工進行、不喜歡等人更不讓人等，事事求快當然好，但如何不累不氣還兼顧品質？／原弘始著；卓惠娟譯. -- 初版. -- 臺北市；任性出版有限公司，2025.05

256面；14.8×21公分. –（issue；86）

ISBN 978-626-7505-59-5（平裝）

1. CST：職場成功法　2. CST：工作效率　3. CST：人格特質

494.35　　114000929

issue 086

急性子的不累工作法

回郵件超快、喜歡多工進行、不喜歡等人更不讓人等，事事求快當然好，但如何不累不氣還兼顧品質？

作　　者／原弘始
譯　　者／卓惠娟
責任編輯／張庭嘉
校對編輯／陳語曦
副 主 編／連珮祺
副總編輯／顏惠君
總 編 輯／吳依瑋
發 行 人／徐仲秋
會計部｜主辦會計／許鳳雪、助理／李秀娟
版權部｜經理／郝麗珍、主任／劉宗德
行銷業務部｜業務經理／留婉茹、專員／馬絮盈、助理／連玉
　　　　　　行銷企劃／黃于晴、美術設計／林祐豐
行銷、業務與網路書店總監／林裕安
總 經 理／陳絜吾

出 版 者／任性出版有限公司
營運統籌／大是文化有限公司
　　　　　臺北市 100 衡陽路 7 號 8 樓
　　　　　編輯部電話：（02）23757911
　　　　　購書相關資訊請洽：（02）23757911　分機 122
　　　　　24 小時讀者服務傳真：（02）23756999
　　　　　讀者服務 E-mail：dscsms28@gmail.com
　　　　　郵政劃撥帳號：19983366　　戶名：大是文化有限公司

香港發行／豐達出版發行有限公司 Rich Publishing & Distribution Ltd
　　　　　地址：香港柴灣永泰道 70 號柴灣工業城第 2 期 1805 室
　　　　　　　　Unit 1805, Ph.2, Chai Wan Ind City, 70 Wing Tai Rd, Chai Wan, Hong Kong
　　　　　電話：21726513　傳真：21724355
　　　　　E-mail：cary@subseasy.com.hk

封面設計／尚宜設計
內頁排版／楊思思
印　　刷／韋懋實業有限公司

出版日期／2025 年 5 月初版
定　　價／新臺幣 399 元（缺頁或裝訂錯誤的書，請寄回更換）
I S B N／978-626-7505-59-5
電子書 ISBN／9786267505533（PDF）
　　　　　　 9786267505540（EPUB）